Schreiber | Biodiversität. 100 Seiten

* Reclam 100 Seiten *

JASMIN SCHREIBER ist Schriftstellerin und Biologin. Sie lebt in Hamburg und Frankfurt am Main. Inmitten vieler Pflanzen und Tiere schreibt sie Romane und Sachbücher über die Natur, co-moderiert den Wissenschaftspodcast Bugtales.fm und verfasst die Newsletterkolumne »Schreibers Naturarium«.

Jasmin Schreiber

Biodiversität. 100 Seiten

RECLAM

Für George, die Schnecke

2022 Philipp Reclam jun. Verlag GmbH,
Siemensstraße 32, 71254 Ditzingen
Umschlaggestaltung: Philipp Reclam jun. Verlag GmbH
nach einem Konzept von zero-media.net
Illustrationen und Grafiken: Jasmin Schreiber
Umschlagmaterial: Creative Print, Schabert
Druck und Bindung: EsserDruck Solutions GmbH,
Untere Sonnenstraße 5, 84030 Ergolding
Printed in Germany 2022
RECLAM ist eine eingetragene Marke
der Philipp Reclam jun. GmbH & Co. KG, Stuttgart
ISBN 978-3-15-020673-7

Auch als E-Book erhältlich

www.reclam.de

Für mehr Informationen zur 100-Seiten-Reihe:
www.reclam.de/100Seiten

Dieses Buch wurde klimaneutral gedruckt.

Alle CO_2-Emissionen, die beim Druckprozess unvermeidbar entstanden sind, haben wir durch ein Klimaschutzprojekt ausgeglichen.

Nähere Informationen finden Sie hier:

Klimaneutral
Druckprodukt
ClimatePartner.com/14058-1912-1001

Inhalt

Die Distel

Die Umgebung meiner Frankfurter Wohnung ist sehr grün. Neben allerhand Obstbäumen, die zum freien Pflücken einladen, gibt es viele Gärten, die von den Besitzerinnen und Besitzern nicht regelmäßig ›gepflegt‹ werden – was ein großes Glück für Insekten, Vögel, Igel und Co. ist. Zwischen den einzelnen Wohnblocks gibt es weitläufige Wiesen, die nur zwei- bis dreimal im Jahr gemäht werden, und auf einer dieser Wiesen traf ich sie im Mai 2021: eine Gewöhnliche Eselsdistel, *Onopordum acanthium.*

Oft findet man eine Verwandte dieser Art in Gärten, weil sie sich auch gut als Zierpflanze eignet. Dementsprechend kommt es immer wieder zum Auftreten verwilderter Cousinen von *O. acanthium* in freier Natur. Doch hier zu meinen Füßen wuchs eine unglaublich große ›echte‹ Gewöhnliche Eselsdistel, und ich hätte nicht aufgeregter sein können.

Diese Distel ist eine zweijährige Pflanze. Im ersten Jahr sieht sie aus wie auf meiner Illustration: flach, große Blätter, die sich leicht in die Mitte der Pflanze neigen, sodass sie auch an trockenen Standorten gut wachsen kann, da selbst die kleinsten Wassermengen ins Zentrum in Richtung Stiel und Wurzeln geleitet werden. Im zweiten Jahr schießt sie gen

Himmel, ihr Stamm kann bis zu drei Meter hoch werden und ihr wachsen viele kleine, lilafarbene Blütenkörbchen. Diese Blüten sind vor allem bei Insekten mit langem Rüssel beliebt, sie locken Schmetterlinge, Bienen, Wespen und Schwebfliegen an. Damit ihre Blüten vor hungrigen Paarhufern sicher sind, breitet sie ihre stacheligen Blätter weit aus und kann dadurch einen Durchmesser von einem Meter fünfzig erreichen. Breit genug, um Rindern und Rehen durch ihre Stacheln den Appetit auf die zarten Knospen zu verderben. Wenn die Distel im Herbst schließlich abgeblüht ist, reisen ihre Samen als kleine Schirmchen durch die Gegend, fallen zu Boden und bilden dort dann neue Disteln, die ebenfalls wieder zwei Jahre leben und dann absterben.

Ich stand nun also vor der Pflanze und freute mich sehr. Noch nie hatte ich so ein großes Exemplar entdeckt, und ich sah darin definitiv einen Kandidaten für die Drei-Meter-Marke im folgenden Jahr. Die nächsten zwei Wochen besuchte ich sie immer wieder, betrachtete den Tau auf ihren Blättern, beobachtete kleine Asseln und Hundertfüßer, die es sich im Schatten ihrer ausladenden Schwingen gemütlich gemacht hatten. Die Distel wurde zu einer guten Freundin, die meine Hunde und ich täglich besuchten, doch es war ja nicht nur die Distel. Drum herum blühten Wiesenpflanzen wie Gänseblümchen, Wiesen-Flockenblumen oder der Kriechende Hahnenfuß, gut besucht von Bienen, Schmetterlingen und Schwebfliegen. Eine Oase.

Bis der Mäher kam.

Ich war gerade auf dem Weg zu dieser Distel, als mir schon der Wagen eines Garten- und Landschaftsbaubetriebes auffiel. Nichts Gutes ahnend beschleunigte ich meine Schritte, und da sah ich schon das Drama: Die Distel war weg, genau wie alle anderen Wildblumen. Der Rasen war auf drei Zentimeter heruntergekürzt, der Erdboden dadurch ungeschützt der Sonne preisgegeben. Die Gärtner waren gerade dabei, Zuchtrosen in frisch gegrabene Löcher auf die Wiese zu pflanzen.

Das war das Ende der hohen Biodiversität in dieser Ecke. Die wunderschöne Wildblumenwiese ist Zierpflanzen gewichen. Die Wiese verbrannte über den Sommer, weil keine schattenspendenden, hohen Halme mehr da waren, die den Erdboden vor den gnadenlosen Strahlen der Sonne schützten. Wo vorher noch ganze Schwärme an Distelfaltern, Tagpfauenaugen und Zitronenfaltern mit brummenden Schwebfliegen, Käfern und Bienen um die schönsten Blüten rangen, herrscht jetzt gespenstische Stille.

Biodiversität: Das Einmaleins

Über Biodiversität liest man dieser Tage viel, und allen scheint es darum zu gehen, sie zu bewahren – das ist natürlich löblich. Mittlerweile können die meisten Menschen mit diesem Begriff etwas anfangen und ihn irgendwie zuordnen. Das kommt auch daher, dass im wissenschaftlichen Bereich immer mehr zu diesem Thema publiziert wird, was wiederum durch Medien für die Bevölkerung aufgearbeitet wird. Ich war neugierig: Seit wann haben wir begonnen, uns für dieses Thema zu interessieren? Um das herauszufinden, habe ich bei *Pubmed*, der größten Datenbank für wissenschaftliche Artikel im biomedizinischen Bereich, mal nachgesehen, wie sich die Verwendung des Begriffs *biodiversity* entwickelt hat. Da wissenschaftliche Arbeiten in der Regel auf Englisch geschrieben werden, habe ich nach diesem Begriff gesucht statt nach dem deutschen Äquivalent.

Ich scrollte mich durch Tabellen. 1951 lag genau ein Artikel mit diesem Schlagwort im *Pubmed*-Archiv, und bis in die 1990er Jahre kam jährlich nur eine einstellige Anzahl an Artikeln hinzu. Das Interesse an dem Thema dümpelte vor sich hin, bis 1992 die Konferenz der Vereinten Nationen über Umwelt und Entwicklung (englisch: *United Nations Conference on*

Environment and Development, kurz: UNCED) in Rio de Janeiro stattfand. Es ging darum, die Entwicklung unserer Technologien und aller menschengemachten Dinge so auszurichten, dass sie im Einklang mit der Natur und unter Bewahrung der natürlichen Ressourcen vonstattengeht. Auch im Umgang mit nichtstaatlichen Organisationen war die UNCED ein Meilenstein: Zum ersten Mal wurden Naturschutzorganisationen und Co. mit einbezogen.

Am Ende der Konferenz standen die *Agenda21*, die *Rio-Erklärung über Klima und Entwicklung*, die *Klimarahmenkonvention*, die *Forest Principles* und die *Biodiversitätskonvention*. All diese Dokumente, auf die sich rund 150 Regierungsvertreterinnen und -vertreter aus aller Welt geeinigt hatten, hatten nachhaltige Entwicklungen, Artenschutz und Ähnliches zum Ziel. Und dieser Meilenstein der Umwelt- und Entwicklungs-

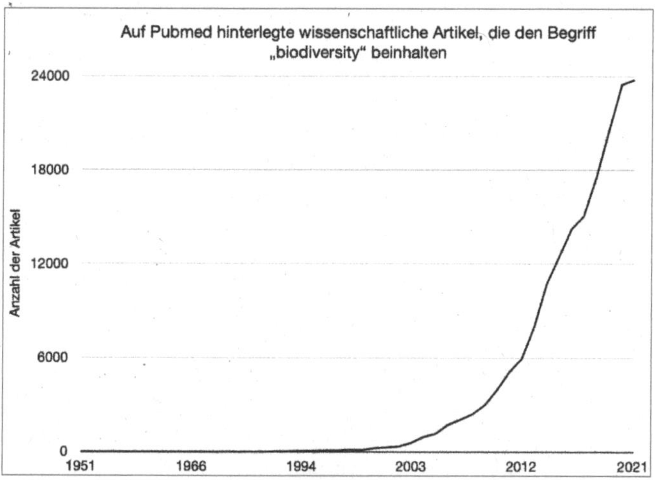

ziele zog auch einen Boom des Themas Biodiversität in den Fachzeitschriften nach sich, wie man in der Grafik sehen kann.

Anfang der 1990er Jahre verläuft der Anstieg der Publikationen noch nicht so steil, die Forschungsvorhaben mussten ja erst einmal gestartet und durchgeführt werden. Doch sobald die ersten Ergebnisse eintrudeln, nimmt das Publikationsvolumen sehr schnell sehr stark zu.

Vor allem in den 2010er Jahren wurde immer mehr in dem Bereich geforscht und veröffentlicht, und damit Sie auch wissen, was da so alles Forschungsgegenstand ist, sollten wir jetzt erst einmal die wichtigste Frage klären: Was bedeutet Biodiversität?

Die Begriffe *Biodiversität, Artenvielfalt* und *biologische Vielfalt* werden im alltäglichen Sprachgebrauch gern als Synonyme verwendet, was jedoch nicht ganz richtig ist. Bei Biodiversität geht es um mehr als nur um Artenvielfalt, insgesamt um drei Hauptebenen:

1) *Genetische Vielfalt.* Wie divers ist der Genpool einer Art oder einer Lebensgemeinschaft?
2) *Die Vielfalt an Organismen.* Wie viele Arten gibt es? Und wie häufig oder selten kommen sie vor?
3) *Die Diversität der Ökosysteme.* Wie divers sind unsere Landschaften und Ökosysteme?

Genetische Diversität

Ich habe die dunklen Locken meines Vaters und die Augen und Nase meiner Mutter. Mein Aussehen und viele meiner anderen biologischen Eigenschaften werden zu einem großen Teil durch mein *Erbgut* (*Genom*) festgelegt – genau wie bei allen anderen Organismen. Meine Eltern und ich sind genetisch recht ähnlich, da ich sozusagen die Kombination ihrer beiden Erbgutstränge plus hier und da ein paar genetische Mutationen und ähnliche Zufallsfaktoren bin. Meine beste Freundin und mich würde hingegen niemand für Schwestern halten. Wir sind zwar beide Menschen, dennoch haben wir genug unterschiedliches Erbgut, um sehr verschieden auszusehen. Dennoch sind wir einander natürlich genetisch näher als unseren Hunden.

Je weiter zwei Lebewesen auf dem großen Stammbaum der Lebewesen voneinander entfernt sind, umso stärker unterscheiden sie sich auch auf der genetischen Ebene – das Erbgut eines Bakteriums ist beispielsweise sehr anders aufgebaut als unseres. Stammbäume schauen wir uns später noch genauer an, behalten Sie das Thema deshalb im Hinterkopf.

Die *genetische Diversität* eines Ökosystems, also die genetische Vielfalt, hängt nicht nur von der Anzahl der Arten und damit von der Anzahl der verschiedenen verfügbaren Genome ab. Selbst wenn ab sofort keine Art mehr aussterben würde, bedeutet das noch lange nicht, dass dadurch die Biodiversität gerettet wäre – denn auch innerhalb der Art und dann noch einmal eine Ebene tiefer, innerhalb der einzelnen Individuen selbst, spielt genetische Diversität eine Rolle.

Um das besser zu erklären, nehme ich zwei meiner Hunde als Beispiel: Das hier sind Chloé (links) und Luchs (rechts).

Beide gehören der Art *Hund* an und teilen sich einen Stammbaum, der so aussieht:

Ordnung:	Raubtiere (Carnivora)
Unterordnung:	Hundeartige (Caniformia)
Familie:	Hunde (Canidae)
Gattung:	Wolfs- und Schakalartige (*Canis*)
Art:	Wolf (*Canis lupus*)
Unterart:	Haushund

Dennoch sehen die beiden, wie man leicht erkennen kann, sehr verschieden aus. Das liegt daran, dass sie unterschiedlichen Rassen angehören: Chloé ist ein Schäferhundmischling, Luchs ein *Podenco canario* – also ein spanischer Windhund. Wie kommt es nun, dass sie sich so wenig ähneln, obwohl sie doch zur gleichen Art gehören?

Das Geheimnis findet sich in ihrer DNA, und ja, wir machen jetzt einen kleinen Genetikexkurs, aber keine Sorge, wird nicht schlimm. Ich verwende übrigens den englisch-sprachigen Begriff DNA statt der deutschen Bezeichnung DNS, weil Ersteres auch bei uns gängiger ist. Zoomen wir mal in den Hundekörper hinein: Genau wie unser Körper besteht er aus Billionen von ganz unterschiedlichen Zellen. Und in jeder dieser Zellen befindet sich ein Zellkern, der das Hundeerbgut, also die DNA, in Form von Chromosomen enthält. Die einzige Ausnahme bilden rote Blutkörperchen, denn diese haben keinen Zellkern.

Die DNA, also das Erbgut, besteht aus zwei Einzelsträngen mit einem Zucker-Phosphat-Skelett und Paaren aus Nukleinbasen: Adenin (A), Thymin (T), Guanin (G) und Cytosin (C), die sich immer so paaren: A mit T und G mit C. Verbunden sind diese Basenpaare über sogenannte Wasserstoffbrückenbindungen, und das ganze Konstrukt dreht sich zu einer Doppelstrangspindel, der Helix. Das Gebilde sieht dann so aus:

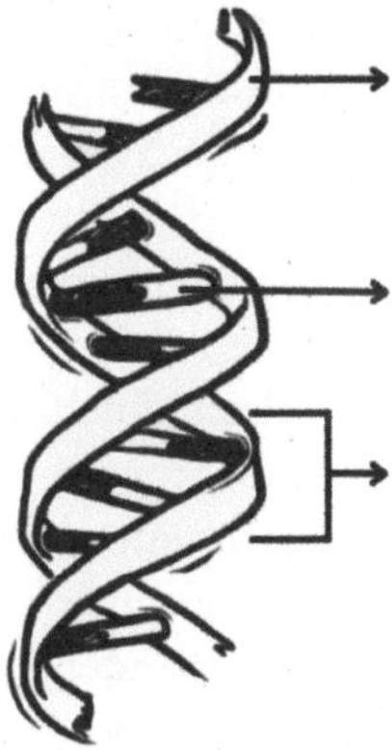

Ja, ich weiß, das klingt alles sehr technisch. Keine Sorge, ich frage Sie am Ende nicht ab. Die unterschiedliche Kombination und Reihenfolge der eben beschriebenen Basenpaare sind das, was man als den *genetischen Code* bezeichnet. Viel davon ist quasi nur ›Blabla‹, aber bestimmte Codes ergeben tatsächlich Sinn und bilden eine funktionelle Einheit, ein *Gen*. Und diese Gene sind für die Eigenschaften zuständig, die sich dann in meinen Hunden (und natürlich auch in allen anderen Lebewesen) zeigen.

Es ist aber nicht so, dass jede Eigenschaft von einem Gen bestimmt wird, das wäre etwas zu simpel. Meist ergibt das Zusammenspiel mehrerer Gene eine Eigenschaft – man sagt dann, dass jene Gene für diese Eigenschaft *codieren*. Der Einfachheit halber gebe ich jetzt aber mal vor, dass eine Eigenschaft durch nur ein Gen bestimmt wird, und zwar: Die Öhrchenform meiner Hunde.

Um die Entstehung dieser kleinen entzückenden Kopfanhänge zu erklären, muss ich noch einen Fachbegriff ins Rennen schicken: den des *Allels*. Allele bestimmen die Ausprägung eines Gens, man könnte das grob mit Sorten vergleichen. Pro Gen stehen bei einzelnen Hunden immer zwei Allele zur Verfügung, die sich im Erbgut finden.

Meine Hündin Chloé hat Klappöhrchen, mein Rüde Luchs hat unfassbar große Stehöhrchen. Die Allele, also die Sorten der Gene, sind allerdings nicht alle gleich durchsetzungsfähig. Manche vererben sich *dominant*, andere *rezessiv*.

Nehmen wir mal an, dass sich die Ohrenform »Klappohren« dominant vererbt, also immer durchsetzt, auch wenn eine andere Sorte ebenfalls auf dem Gen vorhanden ist. Das Allel »Stehohren« vererbt sich rezessiv, das bedeutet, dass es den Klappohren immer den Vortritt lässt, wenn diese beiden Sorten in einem Gen auftauchen. Dominante Allele schreibt man in der Regel groß, rezessive klein, so werde ich das jetzt auch halten, also nicht wundern. So würden die Ohren-Gene dann aussehen:

Chloé
Gen: Ohrenform
Allele: Klappohren, stehohren

Luchs
Gen: Ohrenform
Allele: stehohren, stehohren

Da die Stehohren meines Rüden rezessiv vererbt werden, braucht es zweimal diese Sorte, damit er mit seinen etwas koboldhaft zu groß geratenen Lauschern durch die Welt flitzen kann. Wenn zweimal dasselbe Allel im Erbgut auftaucht, bezeichnet man das als *homozygot*. Tauchen zwei verschiedene Allele auf, wie bei Chloé, bezeichnet man das als *heterozygot*.

»Moment, kenne ich das nicht?«, fragen Sie sich vielleicht gerade und denken mit Grauen an Ihren Bio-Unterricht zurück. Erst einmal: Mein Bio-Unterricht war zu großen Teilen schrecklich, ich fühle Ihren Schmerz. Und dann: Ja, das haben Sie sicher in der Mittel- oder Oberstufe schon einmal gehört, denn ich habe Ihnen gerade die *Mendel'sche Vererbungslehre* beschrieben, und ganz ehrlich: Hätte man mir das damals mit Hundeohren statt mit Erbsen erklärt, hätte das alles deutlich mehr Spaß gemacht.

Zurück zu den Hunden. Wir kennen jetzt die genetische Codierung der Ohrenform meiner beiden Hauswölfe. Wenn die beiden miteinander Welpen bekommen würden, würden sich die Allele ihrer Ohren wieder mischen und neu kombinieren, sodass ihre Nachkommen ganz gemischt mal Stehohren und mal Klappohren hätten.

Was hat das nun alles mit Biodiversität zu tun? Ganz einfach: Je mehr Allele, also ›Sorten‹, eines Gens in den Populationen einer Art vorhanden sind, umso diverser ist deren sogenannter *Genpool*. Mit diesem Begriff bezeichnet man die Gesamtheit aller Allele, also aller genetischen Variationen oder Sorten, die eine Population besitzt. Und *Populationen* sind alle Individuen der gleichen Art, die zur gleichen Zeit im gleichen Areal leben. Bei Hunden gibt es natürlich noch viel mehr Ohrenformen als diese beiden, deshalb sind die verschiedenen Hunderassen ja äußerlich so unterschiedlich.

Die Form der Ohren wirkt vielleicht nicht unbedingt wie das absolute Power-Kriterium, was das Überleben einer Art angeht. Aber Gene codieren ja für alles Mögliche, zum Beispiel für Blutgruppen, Widerstandsfähigkeit gegen bestimmte Krankheiten, Faktoren, die beeinflussen, wie man sich Außentemperaturen oder sonstigen Umständen anpassen kann, und so weiter. Je mehr Varianten von Genen vorhanden sind, umso besser kann eine Art beispielsweise auf veränderte Umweltbedingungen reagieren, weil irgendein Exemplar vielleicht das passende Erbgut hat, um zu überleben und den Fortbestand der Art zu sichern.

Was passiert, wenn der Genpool nicht divers ist, kann man an Rassehunden sehen. Hunderassen liegen immer bestimmte Maßstäbe zugrunde, die ein Hund erfüllen muss, um zu dieser oder jener Rasse zu gehören. Dazu zählen zum Beispiel die Felllänge, -farbvarianten, die Größe, die Form der Ohren usw. Um diese Kriterien zu bewahren, werden entsprechende Nachkommen ausgewählt und Hunde immer so miteinander verpaart, dass die Allele der Gene immer diese gewünschten Sorten aufweisen.

In der Rassebeschreibung des Deutschen Schäferhundes findet sich beispielsweise das Kriterium der spitzen Ohren. Hätte man einen Wurf mit Welpen, bei denen ein paar spitze Stehohren und andere weiche Klappohren hätten, würde man Letztere nicht weiter verpaaren, sondern nur noch die mit den spitzen Ohren. Doch man sortiert damit nicht nur die Allele für die Form der Ohren aus. Es kann sein, dass genau diese klappohrigen Welpen zufälligerweise eine genetische Eigenschaft haben, die sie besonders robust gegenüber bestimmten Krankheiten macht – vielleicht hätten sie ein besonders effizientes Immunsystem gehabt oder eine stabil aufgebaute Hüfte, die ihnen im Alter keine Probleme machen wird. Und was wäre, wenn die spitzohrigen Welpen eine Prädisposition (Veranlagung) für eine Erbkrankheit hätten? Tja.

Leider züchtet man meistens nach einheitlichen äußerlichen Kriterien und nach Charakter, nicht nach genetischer Gesundheit und Vielfalt. Mittlerweile ist es so, dass alle Hunde innerhalb einer Rasse ein sehr ähnliches Erbgut haben, weil man alles andere herausgezüchtet hat. Bei bestimmten Rassen sind deshalb Krankheiten unglaublich stark verbreitet, zum Beispiel Epilepsie bei Australian Shepherds. Die genetische Variabilität ist auf ein Minimum geschrumpft, weshalb die Lebenserwartung von Rassehunden häufig sehr gering ist, wenn man sie mit Mischlingshunden vergleicht, die ihr Erbgut immer wieder ordentlich durchmischen. Diese verringerte *biologische Fitness* aufgrund der sich zwangsläufig ergebenden Inzucht bei Rassezüchtungen bezeichnet man wissenschaftlich als *Inzuchtdepression*. In der Natur tritt dieses Phänomen nur auf, wenn wir eine sehr kleine und isolierte Population haben, die keine andere Wahl hat, als sich miteinander zu verpaaren, sodass es auch dort zu Inzucht kommt.

Schauen wir uns nun die genetische Diversität bei freilebenden Tieren an. Am höchsten ist diese bei Arten, die sehr mobil sind, zum Beispiel bei Schmetterlingen, die weit umherziehen können, um Partner zu finden. Auch bei Pflanzen, deren Erbgut durch Windbestäubung oder getragen von Tieren durch die Gegend reist, ist sie hoch. Ein bisschen geringer ist die genetische Diversität bei Lebewesen, die in einem eng eingegrenzten Bereich leben, zum Beispiel bei Tigern, die Reviere haben und nur innerhalb dieser Grenzen umherziehen und sich lokal begrenzt miteinander fortpflanzen. Ziemlich gering ist die genetische Diversität bei Arten, die beispielsweise in Harems organisiert sind – unter anderem betrifft das Hirsche. Die Nachkommen haben dann jeweils denselben Vater und wenn sie sich dann auch untereinander verpaaren, wird der Genpool immer stärker beschnitten. Aber auch bei solchen Arten gibt es immer mal wieder Austausch, weshalb die Diversität nicht so stark abnimmt, dass sie wie bei Rassehunden das Überleben der Individuen und damit der ganzen Art gefährdet.

Wir sehen also: Die genetische Diversität ist für Lebewesen unglaublich wichtig, weil sie nur dadurch auf sich ändernde Umweltbedingungen so reagieren können, dass der Fortbestand der Art ermöglicht wird. Ein Beispiel sind Gräser und Krautgewächse, die auch in Gebieten wachsen, die zum Beispiel durch Schwermetalle belastet sind. Wenn im Erbgut einer Population irgendwo noch ein Allel mit der Eigenschaft »schwermetallresistent« existiert, weil die genetische Diversität so hoch ist, können die Individuen, die diese genetische Eigenschaft haben, überleben und den Bestand der Art in diesem Gebiet sichern.

Diversität der Organismen: die Artenvielfalt

Der Aspekt, den die meisten Menschen mit Biodiversität verknüpfen, ist die *Artenvielfalt.* Natürlich geht es beim Biodiversitätsschutz darum, Arten vor dem Aussterben zu bewahren, aber das allein reicht nicht. Es ist nämlich nicht nur wichtig, wie viele Arten es gibt, sondern auch, wie sie verteilt sind, welche Eigenschaften sie haben, welche Aufgaben sie im Ökosystem übernehmen und so weiter. Ich illustriere das mit einem Beispiel:

Wir haben hier zwei Lebensräume, *Waldstück A* und *Waldstück B*. In *Waldstück A* kommen zwei Arten Käfer vor, die relativ ausgewogen über den ganzen Bereich verteilt und auch gut durchmischt sind: *K1* und *K2*. In *Waldstück B* haben wir drei Arten Käfer, die jedoch von der Individuenzahl her und der Verbreitung innerhalb des Lebensraums unterschiedlich aufgeteilt sind. *K1* kommt überall vor, *K2* und *K3* kommen nur punktuell vor, an jeweils einem Ort.

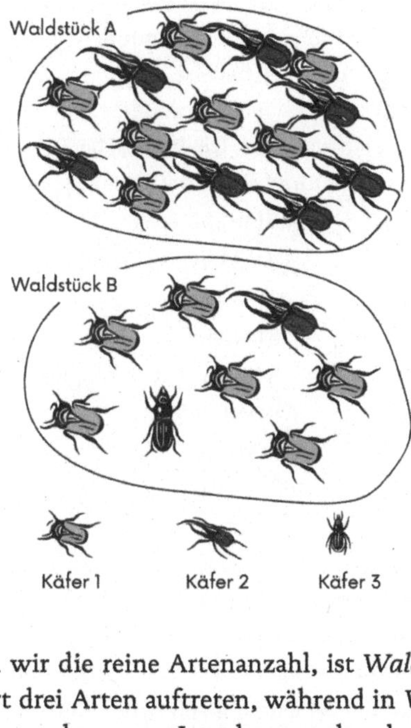

Betrachten wir die reine Artenanzahl, ist *Waldstück B* diverser, da dort drei Arten auftreten, während in *Waldstück A* nur zwei Arten vorkommen. Jetzt kommt aber der Plot-Twist: Wenn wir durch die beiden Waldstücke spazieren, ist es wahr-

Ordnung und Systematik

Um angesichts der Fülle der Lebewesen auf unserem Planeten dem menschlichen Bedürfnis nach Sortierung und Struktur nachzukommen, benutzt man in der Biologie eine **Klassifikation aller Organismen**. Man ordnet alle Lebewesen in ein hierarchisches System ein, das sich nach Verwandschaftsbeziehungen richtet. Diese Gruppen (Stamm, Familie, Art ...) bezeichnet man jeweils als *Taxon*, und die *Taxonomie* ist ein Teilgebiet der Biologie, die sich mit der Klassifikation (Systematik) aller Lebewesen befasst.

Mittlerweile gibt es verschiedene Ansätze, um Arten in bestimmte Gruppen einzuordnen. Die klassische Sortierung stammt von Ernst Mayr und sieht im Groben so aus:

LEBEWESEN

DOMÄNE

REICH

STAMM

KLASSE

ORDNUNG

FAMILIE

GATTUNG

ART

Diese Stufen haben in sich noch Unterteilungen, die sind für uns aber erst einmal nicht so relevant.

Während sich die Taxonomie mit der Klassifikation und ›Sortierung‹ der Lebewesen befasst, beschäftigt sich die *Nomenklatur* mit der Benennung von Arten, Klassen, Ordnungen und so weiter.

In der Namenswahl sind die Entdeckerinnen und Entdecker neu gefundener Arten frei, die Bezeichnung muss sich nur nach dem klassischen Namensschema in der Biologie richten. Der Frankfurter Spinnenforscher Peter Jäger benennt seine Neuentdeckungen zum Beispiel gern nach Prominenten wie Loriot (*Otacilia loriot*) oder David Bowie (*Heteropoda davidbowie).* Wer weiß, vielleicht heißt ja mal ein Moos, eine Spinne oder ein Farn XY *jasminschreiber*. Das wäre toll. (Wenn das hier Forscherinnen oder Forscher lesen und ich mir was wünschen darf: Gerne eine Schnecke nach mir benennen! Mehr könnte ich mir als Lebenshighlight nicht wünschen.)

scheinlicher, in *Waldstück A* an den meisten Stellen auf unterschiedliche Arten zu treffen, weil sie ausgewogener verteilt sind und mehr Individuen beider Arten durch die Gebüsche und Baumkronen krabbeln. In *Waldstück B* hingegen gibt es weniger individuelle Käfer der Arten 2 und 3, und die dann auch nur jeweils an einer vereinzelten Stelle – stattdessen werden wir vermutlich dauernd *Käferart 1* finden, es sei denn, wir durchsuchen das ganze Waldstück. Deshalb ist trotz der geringeren Artenzahl das *Waldstück A* insgesamt diverser als *B*.

Schauen wir uns mit einem weiteren Beispiel noch eine Ebene tiefer an, was Biodiversität bei den Arten bedeutet.

Im folgenden Beispiel haben wir erneut zwei Lebensräume, dieses Mal wird es jedoch floral: Vor uns liegen *Wildblumenwiese A* und *Wildblumenwiese B*. In beiden Lebensräumen wachsen jeweils drei Blumenarten, und das auch gleichmäßig verteilt. Nach dem, was wir uns eben angeschaut haben, müssten beide biologisch gleich divers sein – aber das ist nicht der Fall, sonst würde ich Ihnen das Beispiel ja nicht zeigen; das dachten Sie sich vermutlich schon, oder?

Auf *Wildblumenwiese 1* wachsen folgende Arten:

1. Die Gemeine Schafgarbe, *Achillea millefolium*
2. Die Ringelblume, *Calendula officinalis*
3. Der Gewöhnliche Löwenzahn, *Taraxacum sect. Ruderalia*

Auf *Wildblumenwiese 2* wachsen folgende Arten:

1. Echte Arnika, *Arnica montana*
2. Alpen-Flachbärlapp, *Diphasiastrum alpinum*
3. Gold-Pippau, *Crepis aurea*

Um herauszufinden, wie divers und ökologisch schützenswert die beiden Wiesen sind, müssen wir uns die Arten und ihre Stammbäume genauer betrachten.

Auf *Wildblumenwiese 1* wachsen drei unterschiedliche Blumenarten, die uns jedoch allen recht geläufig sind und die man häufiger auf Wiesen antrifft. Seltenheitswert haben die drei nicht. Und dann kommt noch ein Faktor ins Spiel: die Systematik. Alle drei Blumen teilen sich einen sehr ähnlichen Stammbaum (s. S. 19 oben).

Alle drei Pflanzen stammen aus der Familie der Korbblütler, zwei davon befinden sich sogar in derselben Unterfamilie, der *Asteroideae*. Die Ringelblume und der Löwenzahn haben hübsche, gelbe Blüten, die Schafgarbe hat auf einem schmalen Stiel eine Vielzahl kleiner, weißer Blüten sitzen. Zwar sehen die Pflanzen unterschiedlich aus, und wenn man vor so einer Blumenwiese steht, auf der sie blühen, denkt man vielleicht: Ach

Ordnung	Asternartige (*Asterales*)	Asternartige (*Asterales*)	Asternartige (*Asterales*)
Familie	Korbblütler (*Asteraceae*)	Korbblütler (*Asteraceae*)	Korbblütler (*Asteraceae*)
Unterfamilie	*Asteroideae*	*Asteroideae*	*Cichorioideae*
Gattung	Schafgarben (*Achillea*)	Ringelblumen (*Calendula*)	Löwenzahn (*Taraxacum*)
Art	Gemeine Schafgarbe	Ringelbume	Gewöhnlicher Löwenzahn
Gefährdung	*Nicht gefährdet*	*Nicht gefährdet*	*Nicht gefährdet*

toll, so schön vielfältig! Doch letztlich sind die Pflanzen nahe Verwandte, von der systematischen (und damit auch genetischen) Seite her ist die Biodiversität dieses Lebensraumes also eher gering.

Doch betrachten wir einmal *Wildblumenwiese 2* im Vergleich dazu. Das sind die Stammbäume der drei vorkommenden Blumenarten:

Ordnung	Asternartige (*Asterales*)	Bärlappartige (*Lycopodiales*)	Asternartige (*Asterales*)
Familie	Korbblütler (*Asteraceae*)	Bärlappgewächse (*Lycopodiaceae*)	Korbblütler (*Asteraceae*)
Unterfamilie	*Asteroideae*	-	*Cichorioideae*
Gattung	Arnika (*Arnica*)	Flachbärlappe (*Diphasiastrum*)	Pippau (*Crepis*)
Art	Arnika	Alpen-Flachbärlapp	Gold-Pippau
Gefährdung	*Gefährdet*	*Stark gefährdet*	*Nicht gefährdet*

Noch vor 1000 Jahren war der Schwarzwald ein wunderschöner, lebendiger Urwald. Buchen und Eichen mischten sich mit Kiefern, Fichten und Ahornen, das Unterholz war dicht, die Biodiversität hoch: Überall krabbelte, flatterte und wimmelte es. Nach und nach erschlossen sich Menschen diese Gegend als Siedlungsraum, da es in den umliegenden Gebieten langsam eng wurde. Deshalb war jetzt das Motto: Weg mit dem Wald, her mit Dörfern und Feldern! Das geschlagene Holz wurde zu Häusern gemacht, in Möbel, Geschirr, Schiffe verwandelt. Es wurde in Köhlereien verbrannt, in Erzschmelzen und Glasbläsereien. Besonders viel Holz wurde jedoch in die Niederlande gebracht, denn Amsterdam wurde in einem Sumpfgebiet errichtet und brauchte dringend große Holzstämme, um darauf und damit stabile Häuser bauen zu können. Der Handel damit nahm so überhand, dass die im Schwarz›wald‹ lebenden Menschen sich beschwerten, dass sie nicht einmal mehr Feuerholz fänden.

Mitte des 19. Jahrhunderts war der Schwarzwald fast komplett gerodet, weil die Nachfrage nach Holz unglaublich hoch war. Irgendwann begann man, die Wälder wieder auf-

Die Arnika hat ebenfalls gelbe Blüten, die wie kleine Sonnen auf einem Stiel aussehen. Der Alpen-Flachbärlapp ist eine immergrüne, krautige kleine Pflanze und sieht ein bisschen aus, als seien sich ein Moos und ein Nadelbaum nähergekommen und der Bärlapp das Resultat davon. Und die Blüten des Gold-Pippaus erinnern ein bisschen an Löwenzahnblüten, deren Spitzen in orangene Farbe getaucht wurde.

Diese drei sind Pflanzen, die man in den Alpen antreffen kann. Zwei der drei Pflanzen sind miteinander verwandt, weil

zuforsten – und zwar mit Fichtenmonokulturen, weil diese Bäume besonders schnell wuchsen. Den Ausschlag für diese Maßnahmen gab übrigens nicht nur die normale Bevölkerung, die Feuerholz brauchte, aber auch ihre romantische Liebe zum Wald entdeckte. Adlige störte es nämlich, dass sie ihrer Lieblingsbeschäftigung – der Jagd – nicht mehr nachgehen konnten. Die Bauern durften deshalb ihr Vieh fortan nicht mehr im Wald weiden lassen und kaum noch Brennholz schlagen. Stattdessen entstand der neue Beruf des Försters, angestellt beim Staat. Die Bauern liebten ihn nicht gerade, da er wirklich drakonische Strafen verhängte, wenn er Leute erwischte, die sich gerade mit frisch geschlagenen Holzscheiten davonmachen wollten. Es gibt Berichte von Menschen, die die Rinde von einem lebenden Baum geschält und ihn dadurch geschädigt hatten. Ihnen wurde zur Strafe der Nabel herausgeschnitten und an den Baum genagelt und sie wurden so lange um den Baum getrieben, bis sie starben. Wir Deutschen haben uns damals international wirklich einen Ruf als sehr unentspannte Förster erarbeitet.

sie beide zu den Korbblütlern, den *Asteraceae,* gehören, genau wie die drei vorherigen Blumen. Der Alpen-Flachbärlapp ist im Stammbaum ganz woanders angesiedelt – deshalb ist diese Wiese diverser. Aber nicht nur aus diesem Grund ist die Biodiversität von Wiese 2 höher und die Wiese selbst schützenswerter. Denn: Zwei der Pflanzen, der Alpen-Flachbärlapp und die Echte Arnika, stehen bei uns auf der *Roten Liste* der gefährdeten Arten. Deshalb ist *Wildblumenwiese* 2 besonders schützenswert, weil die dort wachsenden Wildblumen vom Aussterben bedroht sind, während die Wildblumen der *Wiese 1* häufig vorkommen und keine Hilfe brauchen.

Ökosysteme, die eine hohe Artenvielfalt haben, sind in der Regel besser gewappnet gegen Störungen. Das kann man zum Beispiel an Mischwäldern erkennen, die Klimawandel und Umweltverschmutzung viel besser trotzen können als die klassischen, als Monokulturen gepflanzten Plantagenwälder. Fichten-Monokulturen brechen unter Klimawandel und Borkenkäferbefall aktuell zusammen, Mischwälder hingegen haben mehr Baumarten. Kommt es zu einer ökologischen Krise, werden schon ein paar darunter sein, die sich gegen die Bedrohungen durchsetzen können. Das alles betrifft nicht nur die Bäume und Pflanzen, sondern auch die dort lebenden Insekten, Pilze und all die anderen Organismen, die sich auf dem weichen Waldboden tummeln oder die Baumstämme hoch- und runterflitzen.

Diese Regel der besseren Störungsresistenz bezeichnen wir als *Diversitäts-Stabilitäts-Hypothese*. Es gibt auch in der Natur »Monokulturen«, Röhrichte zum Beispiel. Manchmal sagen Leute dann: Ha, denen geht es doch auch gut, dann stimmt es also doch nicht, dass Monokulturen schlechter dran seien! Doch auch diese zuerst sehr monoton anzusehenden Lebensräume besitzen eine große Vielfalt an Arten – nur sind diese oft recht klein und springen uns beim Betrachten nicht sofort ins Auge.

Nach dem Lesen der letzten Seiten wissen wir also: Biodiversität mit Artenvielfalt zu übersetzen, greift viel zu kurz. Diese Gleichsetzung ist nicht nur unsauber, sondern kann auch gefährliche Auswirkungen haben, wenn Menschen auf eigene Faust dabei ›helfen‹ möchten, die Artenvielfalt zu erhöhen. Ein beliebtes Mittel sind Wildblumenmischungen, die bestenfalls in Gärten, schlimmstenfalls in der Natur ausgesät werden.

Wieso die meisten Wildblumenmischungen auf dem Markt eher schaden als nützen

1. Die Blumen, die man aussät, sind manchmal in dem Gebiet nicht heimisch und können sogar *invasiv* sein. Durch Wind und Tiere werden die Samen weitergetragen, sodass sie auch in die Natur außerhalb des Gartens vordringen und einheimische Pflanzen verdrängen können. Das hat nicht nur Auswirkungen auf die Biodiversität der Pflanzen, sondern kann auch dazu führen, dass Insekten, Vögel und andere Tiere nicht mehr genug Futter oder geeigneten Lebensraum finden.
2. Vielleicht sind die Arten heimisch, aber nicht genau an diesem Standort und in diesem Ökosystem. Wenn sie dann aus dem Garten in ein Ökosystem außerhalb gelangen, können sie andere Pflanzen verdrängen und damit auch das ganze Ökosystem verändern. Es kann auch sein, dass die Wildblumen selten vorkommende Blumen ersetzen – sodass Tiere, die nur von diesen selten vorkommenden Blumen leben können, keine Nahrung mehr finden.
3. Oft sind die Blumen in Wildblumenmischungen nur einjährig und haben keinen nachhaltigen Effekt auf das Ökosystem, da sie im nächsten Jahr schon nicht mehr zur Verfügung stehen.

Immer mehr Gartenbesitzerinnen und -besitzer möchten ihren Garten so gestalten, dass etwas für den Artenschutz und die Biodiversität getan wird, was eine großartige Entwicklung ist. Leider greifen sie häufig mit guten Intentionen zu Wildblumenmischungen, um eine Wildblumenwiese anzulegen in der

Ökologische Organisationsebenen

Mittlerweile haben Sie sicherlich bemerkt, dass wir Biologinnen und Biologen wahnsinnig gerne organisieren. Und auch in den ökologischen Organisationsstufen gibt es Hierarchien. Ich zeichne hier eine Hierarchie auf, damit wir die nachfolgenden Abschnitte etwas leichter verstehen. Nehmen wir das Beispiel eines Mischwaldes.

Biosphäre

Die Biosphäre bezeichnet den Bereich unseres Planeten, in dem Lebewesen vorkommen. Also von den Tiefen des Marianengraben (11 Kilometer) bis 60 Kilometer hoch in der Atmosphäre. Es gibt jetzt jedoch auch Hinweise auf Lebewesen bis zu 20.000 Meter tief in der Erde – es bleibt also spannend und die Definition ändert sich häufig.

Ökosystem

Die nächste Hierarchiestufe ist das Ökosystem. Es bildet sich aus einem **Biotop** und der dortigen Lebensgemeinschaft, der **Biozönose**. In unserem Beispiel ist das Ökosystem ein Stück Mischwald in einem bestimmten Bereich der Biosphäre.

Biozönose

Die Biozönose ist die Lebensgemeinschaft, die in einem Biotop lebt. Dazu gehören Tiere, Pflanzen, Pilze, Einzeller und so weiter. Sie stehen untereinander und mit dem Biotop in Wechselbeziehung.

Individuum

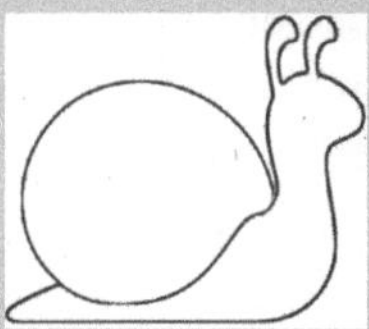

Die kleinste Organisationseinheit in unserer Auflistung ist das Individuum, zum Beispiel eine Schnecke, die durch unseren Mischwald kriecht, ein Bakterium, ein Farn oder ein anderes Lebewesen.

Hoffnung, dass sich dort dann viele Schmetterlinge, Bienen und Fliegen stärken können. Leider sind die meisten auf dem Markt erhältlichen Wildblumenmischungen dafür nicht geeignet.

Die Schweizer Fernsehsendung *SRF Kassensturz* hat von 2020 bis 2021 gemeinsam mit der Universität Bern zwölf Wildblumenmischungen getestet. Ein Kriterium war zum Beispiel die Frage, ob die Pflanzen auch wuchsen, klar. Vor allem wurde jedoch ein Augenmerk darauf gelegt, welche Pflanzen dann aus der Erde schlüpften. Leider waren bei den meisten Wildblumenmischungen problematische Sorten dabei, manche sogar *Neophyten*, also in der Schweiz nicht einheimische Pflanzen, die die oben genannten Probleme verursachen können.

Viele Menschen denken, dass bunte Wildblumenwiesen gleichzeitig eine hohe Biodiversität und/oder Artenvielfalt bedeuten, doch das ist nicht so. An den von mir aufgeführten Beispielen sieht man einerseits, dass eine hohe Artenvielfalt nicht gleich eine hohe Biodiversität bedeutet, wie bei dem Beispiel mit den Käfern. Weiterhin bedeuten viele Arten nicht gleich eine hohe Biodiversität, was man am Beispiel der Wildblumenwiese erkennen kann.

Bisher haben wir gelernt: Biodiversität hat eine genetische Komponente, und dann noch eine auf die *Taxa* bezogene. Es geht also darum, wie viele Familien, Gattungen, Arten usw. in einem Lebensraum vorkommen. Doch es gibt noch eine dritte wichtige Säule, die wir beleuchten sollten: die der Diversität des Lebensraumes.

Diversität der Ökosysteme und Landschaften

Wie im Kasten beschrieben bilden die Biozönose – also alles, *was* da so kreucht und fleucht – und das sie umgebende Biotop, also der Ort, *wo* es kreucht und fleucht, zusammen ein *Ökosystem.*

Ökosysteme funktionieren theoretisch autark, sind aber natürlich von anderen Ökosystemen abhängig, mit denen sie beispielsweise Stoffe austauschen oder zwischen denen Tiere hin und her wandern.

Was genau ein Ökosystem ist und was nicht, kommt immer ein bisschen auf die Perspektive an und ist recht flexibel abzugrenzen. Für ein Bärtierchen und alle Mikroorganismen ist ein Moospolster ein Biotop, und zusammen bilden sie ein Ökosystem. Doch dieses Ökosystem befindet sich wiederum in ei-

nem anderen Ökosystem, denn für eine Ente, die sich den Bereich um einen See herum und auch den See selbst mit anderen Lebewesen teilt, ist das Moospolster nur ein Stückchen Pflanze in ihrem Biotop, mit dem zusammen sie wieder ein Ökosystem bildet. So können innerhalb einer *Landschaft* eine Menge Ökosysteme parallel existieren, und je mehr solcher Ökosysteme es in ihr gibt, umso vielfältiger ist die Landschaft.

Doch es gibt noch mehr Ebenen, die die biologische Diversität von Landschaften und ihren Ökosystemen bedingen: *Stoffkreisläufe* und andere biologische Prozesse. Um zu verstehen, wie ein Ökosystem funktioniert, reicht es nicht, einfach aufzuzählen, was darin lebt, bzw. welche organischen und anorganischen Stoffe dort vorhanden sind. Je mehr Interaktion zwischen den Lebewesen untereinander oder zwischen den

Alpha-, Beta- und Gamma-Diversität

Die Artenanzahl pro Flächeneinheit in einer ökologischen Lebensgemeinschaft bzw. einem Lebensraum bezeichnet man als *α-Diversität* oder auch *Artenreichtum.*

Der Unterschied in der Artenvielfalt zwischen zwei verschiedenen Lebensräumen einer Landschaft wird *β-Diversität* genannt.

Mit der *α*-Diversität und *β*-Diversität kann man letztlich die *γ-Diversität* berechnen und ausdrücken. Diese bezeichnet die gesamte biologische Vielfalt auf Landschaftsebene.

Dieses Prinzip geht auf den Ökologen Robert Whittaker zurück, der diese Einteilung 1960 einführte.

Lebewesen und ihrer unbelebten Umwelt (z. B. Pflanzen, die Mineralien aufnehmen, Sauerstoff abgeben usw.) stattfindet, umso *diverser* ist dieses Ökosystem beziehungsweise die Landschaft.

Biodiversitäts-Hotspots

Es gibt Orte auf unserem Planeten, die sich durch eine ganz besonders hohe Biodiversität auszeichnen und als Biodiversitäts-Hotspots bezeichnet werden. Um in diese Kategorie zu fallen, muss der Lebensraum Seltenheits- und Gefährdungskriterien erfüllen:

1. Er muss zum Beispiel mindestens 1500 endemische Pflanzenarten beherbergen. Endemisch bedeutet, dass diese Arten nur

dort vorkommen und nirgends sonst. Pflanzen sind ein gutes Kriterium, weil sie leicht zu erfassen sind und Nahrungsgrundlage sowie Lebensraum für das Vorkommen anderer seltener Arten bilden.
2. Die Pflanzen müssen dort schon mindestens 70 Prozent ihres Lebensraums verloren haben.

Biodiversitäts-Hotspots liegen häufig rund um den Äquator verteilt. Wenn Sie die Augen schließen und an Federrascheln, an große, mit Feuchtigkeit überzogene Blätter, an riesengroße bunte Schmetterlinge und Papageien denken, liegen Sie richtig. In der Äquatorregion umschließen tropische Regenwälder wie ein Gürtel unseren Planeten. Die meisten Hotspots sind in Staaten zu finden, die weniger als 10 Prozent der Erdoberfläche bedecken. Und doch leben in ihnen 70 Prozent der bekannten Arten unserer Erde. Seit dem letzten Update wurden 35 Biodiversitäts-Hotspots festgelegt, die lediglich 2,3 Prozent der Gesamtlandfläche der Erde belegen – und doch findet man dort rund 50 Prozent aller bekannten Pflanzenarten, 55 Prozent aller Fischarten in Süßgewässern und 77 Prozent aller Landwirbeltiere.

Definiert hat man diese Hotspots aus politischen und finanziellen Gründen: Man möchte möglichst viel Biodiversität unter dem Einsatz möglichst effizienter ökonomischer Mittel schützen. Kurz gesagt: so günstig wie möglich so viel Biodiversität wie machbar schützen. Und an diesen Orten geht das eben besonders gut.

Um Schutzmaßnahmen besser priorisieren zu können, hat man noch andere Hotspot-Kategorien erstellt. Diese haben eine hohe biologische Vielfalt und eine größere Anzahl endemischer Arten im Fokus. Sie basieren auf:

Folgende globale Hotspots sind festgelegt:

Europa und Zentralasien:

- Mittelmeerraum
- Kaukasus
- Iran-Anatolien
- Zentralasiatische Gebirgskette

Afrika:

- Madagaskar und die Inseln des Indischen Ozeans
- Küstenwälder Ostafrikas
- Kapflora
- Guineische Wälder Westafrikas
- Karoo
- Maputaland-Pondoland-Albany
- Horn von Afrika
- Region in den Afrikanischen Bergen und im Süden der Arabischen Halbinsel

Nord- und Zentralamerika:

- Mesoamerika
- Karibische Inseln
- Kalifornien
- Subtropische Bergwälder Mexikos und im Südwesten der USA

Südamerika:

- Tropische Anden
- Mata Atlântica
- Tumbes-Chocó-Magdalena
- Cerrado
- Valdivianischer Regenwald

Asien-Pazifik:

- Sunda
- Wallacea
- Philippinen
- Hinterindien
- Gebirgskette von Südwestchina
- Westghats und Sri Lanka
- Südwestaustralien
- Neukaledonien
- Neuseeland
- Himalaya
- Polynesien und Mikronesien
- Japan
- Ostmelanesische Inseln
- Ostaustralische Wälder

- einem bestimmten Landschaftstyp
- einem Ökosystem
- einer Lebewesen-Gruppe
- oder einem bestimmten Habitatstyp

Es gibt zum Beispiel den Hotspot-Typ *Endemic Bird Areas (EBA)*, der von der Artenschutzorganisation *Bird Life International* festgelegt wurde. Definiert ist ein endemisches Vogelgebiet als eines, das sich überschneidende Brutgebiete von Arten mit stark eingeschränktem Verbreitungsgebiet umfasst, sodass das gesamte Verbreitungsgebiet der jeweiligen Arten innerhalb dieses abgesteckten Gebietes liegt.

Als »Arten mit eingeschränktem Verbreitungsgebiet« definiert die Organisation alle Landvögel, die seit Beginn der ornithologischen Aufzeichnungen um 1800 ein globales Brutgebiet von schätzungsweise weniger als 50 000 Quadratkilometern hatten – ausgestorbene Arten inbegriffen. Arten, deren historisches Verbreitungsgebiet eigentlich über diesem Schwellenwert liegt, die aber durch Lebensraumverlust oder andere Belastungen auf unter 50 000 Quadratkilometer reduziert wurden, wurden nicht erfasst, weil es bei diesen Gebieten wirklich nur um Vogelarten geht, die natürlicherweise sehr selten vorkommen.

Aktuell sind 363 Gebiete als EBAs definiert, zum Beispiel die Andamaneninseln, auf deren Landfläche von 8200 Quadratkilometern u. a. die Andamanentaube in Wäldern lebt, welche jedoch aktuell durch die steigende Abholzung bedroht werden.

Ich hoffe, dass jetzt etwas klarer ist, wieso Biodiversität nicht einfach mit Artenvielfalt übersetzt werden kann – bei der nächsten Party, auf der man sich *bestimmt* über Biodiversität unterhält, können Sie dann direkt jemandem ins Wort fallen und mit Ihrem Wissen angeben. Ist das nicht toll?

Um den Status der Biodiversität in einem Bereich zu klären, muss man sich also viele Fragen stellen, die über die Artenanzahl hinausgehen: Welche Arten findet man? Sind sie selten oder eher häufig? Wie viele unterschiedliche Lebensräume treffe ich dort an? Welche Interaktionen finden dort statt? Wie sieht es genetisch aus, sind die Populationen dort recht ähnlich, oder gibt es eine Menge unterschiedliche Allele, die von einer hohen genetischen Diversität zeugen? Die Arten, die dort vorkommen: Sind sie nah miteinander verwandt? Und, und, und …

Biodiversität im Wandel der Zeit

Nachdem wir geklärt haben, was Biodiversität ist, schauen wir uns doch mal an, wie sie sich im Laufe unserer Erdzeitalter entwickelt hat. Seit unser Planet entstanden ist, sind über 4,5 Milliarden Jahre vergangen – eine Zeit, in der sich die Erde sehr verändert hat. Ganz, ganz früher bildeten unsere Kontinente eine einzelne große Landmasse, *Pangäa* genannt. Im Laufe der Zeit brach dieser Superkontinent immer weiter auseinander, die herumdriftenden Teile schoben sich übereinander und bildeten Gebirge, es entstanden neue Meere, Flüsse und Seen – und unsere Kontinente. Die Evolution brachte etliche Pilze, Tiere, Pflanzen, Mikroorganismen und mehr hervor, diese entwickelten sich weiter und starben wieder aus – bis heute herrscht ein reges Kommen und Gehen auf diesem Gesteinsbrocken, der unsere Heimat ist und der durchs eiskalte Weltall um die Sonne rast.

Diese großen Veränderungen, das Entstehen und Vergehen, passierten in der Regel nicht plötzlich, sondern es brauchte jeweils viele Millionen Jahre dafür. Doch gab es einschneidende Ereignisse, die die Welt vergleichsweise abrupt ändern sollten. Ein Beispiel dafür ist das *Massenaussterben im Devon*, das vor 383 Millionen Jahren begann und an dessen Ende vor 359 Mil-

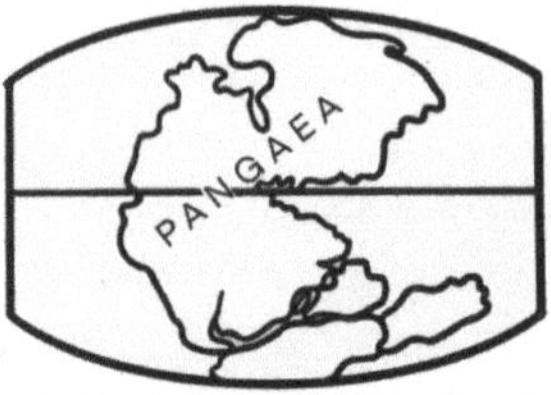

PERM (vor 225 Mio Jahren)

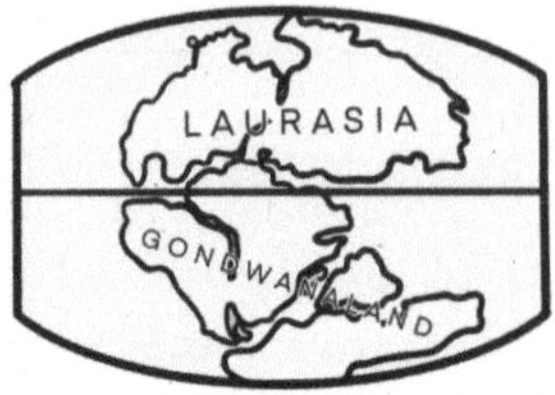

TRIAS (vor 200 Mio Jahren)

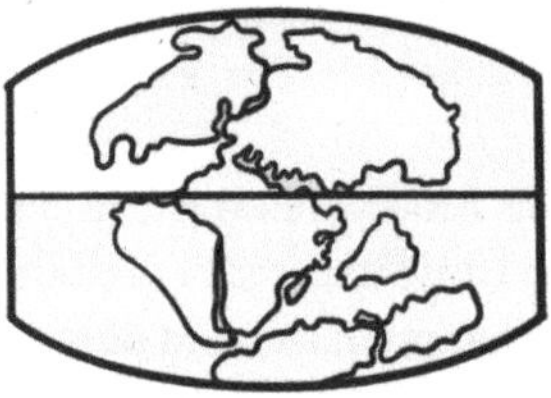

JURA (vor 135 Mio Jahren)

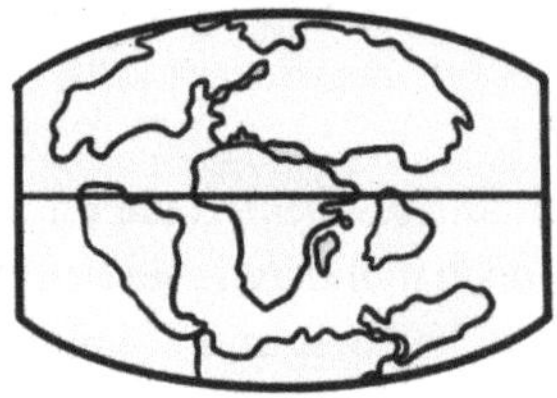

KREIDE (vor 65 Mio Jahren)

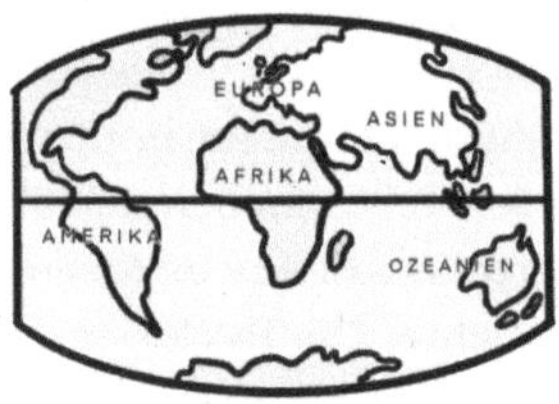

HOLOZÄN (heute)

lionen Jahren rund 75 Prozent aller damals lebenden Arten verschwunden sein sollten. Ein möglicher Auslöser könnte der Vulkanismus gewesen sein, oder auch Asteroiden und sogar Pflanzen, die unter anderem der Atmosphäre den Kohlenstoff entzogen, wodurch es deutlich kälter auf der Erde wurde – zu kalt für die meisten Lebewesen.

Das alles, also welche Tier- und Pflanzenarten wann und wie lebten, wie die Atmosphäre damals zusammengesetzt war, sogar die Temperatur, die Luftfeuchtigkeit und Klimaveränderungen können wir durch Untersuchungen der Gesteinsschichten der Erde herausfinden. Und mit wissenschaftlichen Methoden wie der vergleichenden Anatomie oder mit molekularen Technologien können wir anhand gefundener Fossilien auch herausfinden, welche Tierart mit welcher verwandt war, in welche Richtung sie sich entwickelt haben und welche Art der Nachfolger war. So können wir ein überraschend genaues Bild der Entwicklung der Biodiversität zeichnen – wir können ehemals auf der Erde lebende Arten bestimmen und ihre Evolution im Laufe der Jahrmillionen bis zum heutigen Haushuhn nachverfolgen.

Die ältesten Fossilien, die wir kennen, sind die von 3,5 Milliarden alten Bakterien. Ja, wir können tatsächlich Fossilien von Bakterien erkennen, ist das nicht unglaublich? Das Leben entwickelte sich damals vorwiegend im Wasser, bis es irgendwann zur Landbesiedelung kam. Es lief aber nicht derart ab, dass eines Tages Edith die Alge an einer Stelle dachte: *So, reicht, jetzt kriech ich hier mal aus dem Wasser raus, ich bin*

schon ganz schrumpelig, und damit war das Land besiedelt. Vielmehr ging die Landbesiedelung zeitgleich an mehreren Stellen durch mehrere Organismengruppen vonstatten, und sobald das Leben auch an Land einen Weg gefunden hatte, sich zu entwickeln, stieg die Artenvielfalt rasant an.

Weiter oben habe ich den Superkontinent Pangäa erwähnt, der im Laufe der Erdgeschichte in zwei Kontinente auseinanderbrach, die wiederum auseinanderbrachen und so weiter. Dadurch wurden auch Populationen von Arten auf mehrere Kontinente aufgeteilt, ohne dass sie noch Kontakt zueinander haben konnten. Infolgedessen entwickelten sich die Teilgruppen unabhängig voneinander weiter und waren in der Lage, durch Evolution ganz neue Arten zu bilden.

Ein sehr gutes Beispiel dafür ist der Inselkontinent Australien. Durch die nach dem Aufbrechen der Kontinente entstandene räumliche Isolation konnten sich dort Arten entwickeln, die es auf anderen Kontinenten gar nicht gibt. Außerdem konnten dort Lebewesen überdauern, die auf den anderen, näher beieinanderliegenden Kontinenten schon ausgestorben sind. Die Beuteltiere beispielsweise waren sehr weit über unseren Planeten verbreitet, heutzutage gibt es nur noch ganz wenige Exemplare in Amerika, aber immer noch ganz schön viele in Australien. Bekannte Vertreter sind dort das Känguru, der Wombat oder der Koala.

Werden und Vergehen, ein ewiges Hin und Her. Die Arten, die heute auf unserem Planeten wachsen, kriechen, schwimmen, laufen oder fliegen, machen maximal 1–4 Prozent der Arten aus, die insgesamt auf der Welt einmal existiert haben. Das bedeutet, dass das Entstehen und Aussterben von Arten schon seit jeher gang und gäbe ist. Und um zu verstehen, wie das alles vonstattengeht, gucken wir uns das mal genauer an.

Wie viele Arten genau auf unserem Planeten existieren, können wir nur schätzen. Man geht aktuell davon aus, dass es zwischen 10 und 20 Millionen Arten (Mikroorganismen, Pilze, Pflanzen und Tiere) gibt – 2011 wurde von einem Wissenschaftsteam rund um den Ökologen Boris Worm die Zahl 8,7 Millionen errechnet, vielleicht stimmt das, vielleicht aber auch nicht. Sicher können wir es nicht wissen, aber diese Zahlen sind eine gute Näherung. Bekannt sind aktuell um die 1,8 Millionen Arten – das umfasst noch existierende, aber auch schon ausgestorbene.

In Deutschland ist Folgendes der grobe, aktuelle Stand an bekannten Arten, den das Bundesamt für Naturschutz auf seiner Webseite zusammengetragen hat:

Tiere

Artengruppe	Anzahl
Wirbeltiere (Säugetiere, Vögel, Fische etc.)	664
Wirbellose (Insekten, Krebstiere, Spinnen, Mikroorganismen etc.)	47 318
Tierarten gesamt	**> 48 000**

Pflanzen

Artengruppe	Anzahl
Samenpflanzen	2988
Farnpflanzen	74
Moose	1053
Algen	> 5000
Pflanzenarten gesamt	**> 9500**

Pilze

Artengruppe	Anzahl
Pilze	13 973
Pilzähnliche Organismen	< 20
Pilzarten gesamt	**≈ 14 000**

Insgesamt gibt es 71 500 bekannte Arten in Deutschland. Natürlich sind diese Werte nur Momentaufnahmen und zum Teil auch nur geschätzt, dennoch geben sie uns eine grobe Vorstellung von den Artenbeständen in unserem Land.

2018 hat das Team des Wissenschaftlers Ron Milo untersucht, wie viel Biomasse es auf der Erde schätzungsweise gibt und welche *Reiche der Biologie* (also Pilze, Pflanzen etc.) wie viel dazu beitragen. Da Lebewesen auf der Erde zum Großteil auf Kohlenstoff (*C*) basieren, haben sie der Einfachheit halber nur die Masse dieses Elements berechnet – ihr Resultat gibt also nicht das komplette Gewicht der Lebewesen wieder. Nach Sichtung Hunderter wissenschaftlicher Arbeiten kamen sie auf die folgenden Zahlen:

Artengruppe	Masse (in Gigatonnen C)
Pflanzen	450
Bakterien	70
Pilze	12
Archaea	7
Protisten	4
Tiere	2
Viren	0.2
Gesamt	**550**

Wir haben also eine hohe Artenzahl und viel lebendige Biomasse auf unserer Erde. Wenn man übrigens das vollständige Gewicht der gesamten Biomasse zusammenrechnet und damit vergleicht, wie viel durch Menschen erzeugte Masse es auf unserem Planeten gibt, überwiegt im 21. Jahrhundert zum ersten Mal die Masse menschengemachter Produkte (Häuser, Autos, Kleidung, Möbel …) im Vergleich zur natürlichen Masse (Pflanzen, Tiere …). Das ist eigentlich unvorstellbar, aber leider Realität.

Die Tabellen oben haben einen Haken: Häufig ist es so, dass auffällige Organismen gut untersucht sind oder solche, die irgendeine wirtschaftliche und/oder medizinische Bedeutung für uns Menschen haben. Große blinde Flecken haben wir hingegen bei Lebewesen, die entweder Orte bewohnen, zu denen wir Menschen keinen Zugang haben, oder bei Organismen, die uns klein und unbedeutend erscheinen. Vermutlich sterben manche unbekannten kleinen Arten, mit denen wir parallel zur selben Zeit leben, schon aus, bevor wir von ihnen erfahren. Diese tauchen natürlich in keiner Untersuchung auf, und wir können nur raten, wie viele Arten das vielleicht sind und welche Masse sie mit sich bringen. Das sollte man immer im Hinterkopf behalten.

Was ist eine Art? Und wie entsteht sie?

Früher hat man Arten einfach durch *Morphologie* bestimmt und voneinander abgegrenzt, das bedeutet durch die Analyse der äußeren Form und Gestalt von Lebewesen. Doch seit dem 20. Jahrhundert sieht man eine Art vor allem als potenzielle *Fortpflanzungsgemeinschaft* an. Wer sich miteinander verpaaren kann, gehört nach dieser Definition zur selben Art.

Beide Konzepte stoßen an ihre Grenzen. Wenn man nur auf die äußere Erscheinung blickt, kommt man manchmal recht schnell ins Schleudern. Einerseits gibt es auch innerhalb von Arten oft sehr viele verschiedene ›Looks‹, sodass es passieren kann, dass man mehrere Exemplare der Hain-Bänderschnecke, deren Häuschen durch die verschiedenen Allele wirklich sehr unterschiedlich gemustert sind, jeweils als andere Art klassifizieren würde. Und wenn Männchen und Weibchen einer Art auch noch anders aussehen, ist man vollends verloren.

Schaut man hingegen nur auf die Fortpflanzungsfähigkeit zwischen Lebewesen, verliert man all die Lebewesen, die sich ungeschlechtlich fortpflanzen, aus dem Blick. Bakterien teilen sich, manche Pflanzen können sich vegetativ fortpflanzen (beide klonen sich also selbst) und so weiter.

Was tun? Kombinieren. Eine neue Art zu bestimmen ist aufwändig. Man schaut sich die äußerlichen Merkmale an, aber auch die Genetik und die Biochemie. Alles, was man irgendwie bestimmen kann, zieht man als Hilfestellung hinzu.

Besonders praktisch ist dabei das sogenannte *DNA-Barcoding.* Die Forschung bemüht sich, die DNA so vieler Arten wie möglich zu analysieren und bestimmte Teile davon, die man DNA-Barcodes nennt, in einer Datenbank abzulegen. Habe ich eine Schnecke vor mir, bei der ich nicht sicher bin, ob sie eine neue Art oder nur eine Hain-Bänderschnecke mit einem anderen Häuschenmuster ist, kann ich eine DNA-Probe von ihr nehmen und mit den DNA-Barcodes in der Datenbank abgleichen. Gibt es einen Treffer, weiß ich, dass es eine bestehende und schon katalogisierte Art ist. Gibt es keinen, besteht die Chance, dass ich etwas Neues entdeckt habe: *Cepaea jasminschreiber* zum Beispiel. Hüstel.

Natürlich sind die Genome aller Arten noch lange nicht in Datenbanken erfasst. Aber es wird unermüdlich weitergeforscht und katalogisiert, sodass diese Methode immer erfolgreicher angewendet werden kann.

Individuen einer Art bleiben in Liebesdingen unter sich

Eine neue Art entsteht, wenn sich der Genpool eines Teils einer Population komplett vom Genpool der Ursprungspopulation entfernt hat. Wenn zwei verschiedene Populationen einer Art sich also nicht mehr miteinander paaren, lohnt es sich, sich das mal genauer anzuschauen – denn es besteht die Möglichkeit, dass sie sich in zwei unterschiedliche Arten aufgeteilt haben könnten.

Bekannte Beispiele für zwei Arten, die sich aus gemeinsamen Vorfahren auseinanderentwickelt haben, sind Esel und Pferde. Kreuzt man eine Hauseselstute mit einem Hauspferdehengst, kommt ein *Maultier* heraus. Die Eltern zählen zwar beide zur Gattung *Equus*, gehören aber jeweils einer anderen Art an.

Ihr Kind, das Maultier, ist unfruchtbar, genau wie das Kind von Hauspferdestute und Hauseselhengst, der *Maulesel*. Diese Kreuzungsergebnisse bezeichnet man als *Hybride* und da sie sich (bis auf einzelne, zufällige Ausnahmen) nicht fortpflanzen können, bilden sie keine neue Art.

Dasselbe Schicksal teilen die *Liger*, die Kreuzungen aus Löwenmännchen und Tigerweibchen. Verpaart man hingegen ein Tigermännchen mit einem Löwenweibchen, nennt man deren Kind dann *Töwe*. Auch diese Nachkommen können sich nicht vermehren, da die Männchen unfruchtbar sind. Somit ist eine Artbildung ausgeschlossen, und diese Hybride kommen nur zustande, wenn die Menschen mit den Tieren experimentieren. Denn normalerweise haben Löwen und Tiger, zumindest in den heutigen spärlichen Gebieten, in denen sie noch vorkommen, keine wirklichen Berührungspunkte. In freier Natur wurden diese Hybride deshalb noch nicht nachgewiesen, sondern sie entstehen nur, wenn sie gezielt durch uns Menschen gezüchtet werden. Doch das ist nicht risikofrei, denn es hat ja durchaus einen Sinn, dass die Evolution es so eingerichtet hat, dass sich diese Tiere nicht verpaaren. Es kann passieren, dass die Tigermutter bei der Geburt der Babys schwer verletzt wird, sodass ein Kaiserschnitt notwendig ist. Weiterhin kommt es häufig zu Fehlbildungen der Föten, außerdem ist die Lebenserwartung dieser Hybriden oft nicht sonderlich hoch.

Evolution

Aber bleiben wir kurz beim genetischen Aspekt. Wir haben vorhin am Beispiel der Ohren meiner Hunde betrachtet, wie sich genetische Eigenschaften auf die nächste Generation weitervererben. Man könnte das ewig so weiterspielen und hätte eine Population einer Art, die sich nie verändert und immer nur die schon vorhandenen Eigenschaften weitervererbt. Wäre das jedoch immer so, säße ich hier nicht vor meinem Rechner, sondern würde als einzellerartiges Glibberding ohne Zellkern in den Urmeeren unseres Planeten herumschwimmen. Woran liegt es also, dass das nicht der Fall ist? Sie ahnen es sicher: an der Evolution.

Es gibt einige genetische Mechanismen, die den Genbestand einer Population verändern und dafür sorgen können, dass sich eine Art weiterentwickelt und vielleicht auch neue Arten aus ihr hervorgehen.

Mutationen

Wenn Erbinformationen von einer Generation an die nächste weitergegeben werden, kann es manchmal zu Übertragungsschwierigkeiten kommen. Es ist möglich, dass ein Gen mutiert, das heißt: sich verändert. Natürlich kann das zum Ausfall des Gens führen, aber vielleicht entsteht dadurch auch eine neue, nützliche Eigenschaft. Neben dieser *Genmutation* gibt es noch die *Chromosomenmutation*, die zum Beispiel durch Verlust eines Teils des Chromosoms entstehen kann. Wenn einem Lebewesen gleich ein ganzes Chromosom abhandenkommt oder der Chromosomensatz vervielfältigt wird, spricht man von einer *Genommutation*. Schwere Mutationen können oft dazu führen, dass der Nachkomme nicht lebensfähig ist. Es kann aber sein, dass sich durch eine Mutation auch ein Überlebensvorteil entwickelt, der wiederum an folgende Generationen weitergegeben wird und sich nach und nach etabliert.

Zufall

Der Zufall spielt bei der Veränderung des Erbguts eine nicht zu unterschätzende Rolle. In einer Population kann es, wenn das

Licht ausgeht, unter den Bettdecken durchaus mal wild zugehen, aber nicht so wild, dass sich wirklich jede mit jedem paart. Und es kann sogar sein, dass manche Individuen einer Population sich bis zum Lebensende niemals erfolgreich fortpflanzen. Treten diese Fälle ein, können einer Population Gene abhandenkommen. Diese zufällige Veränderung des Erbguts bezeichnet man als *Gendrift*.

Bei größeren Populationen wirkt sie sich nicht so stark aus, weil meist noch genug andere Individuen vorhanden sind, die dieses Merkmal ebenfalls in sich tragen. Ist die Population jedoch sehr klein, kann die Gendrift rasant zunehmen. Wenn man nämlich nur eine Population von fünf Individuen hat und sich Käfermännchen Jochen entschließt, kinderlos zu bleiben, um als Reiseschriftsteller seinen Traum zu leben, und *er* als Einziger die Erbeigenschaften für »rotglitzernde Flügeldecken« in sich trägt, werden künftige Generationen nur noch (beispielsweise) grüne Flügel haben. Das rotglitzernde genetische Merkmal ist dann ausgestorben.

Selektion

Wenn sich Umweltbedingungen ändern, ist es natürlich wichtig für Arten, sich ihnen auf irgendeine Art und Weise anzupassen. Ändert sich zum Beispiel das Nahrungsangebot oder das Klima, überleben nur die Individuen, deren Erbinformationen dafür sorgen, dass sie sich den neuen Bedingungen gut anpassen und damit zurechtkommen können.

Wenn wir eine Population haben, die räumlich voneinander getrennt wird – wie zum Beispiel bei der weiter vorn behandelten Kontinentaldrift – und eine Hälfte der Population sich in einem neuen Gebiet mit neuen Voraussetzungen wiederfindet, kann es sein, dass sich dort sogar eine neue Art herausbildet. Das bekannteste Beispiel sind vermutlich die *Darwinfinken*, die jedoch nicht von Charles Darwin (1809–1882) selbst so benannt wurden – den Namen prägte der Chirurg und Ornithologe Percy Roycroft Lowe (1870–1948) im Jahr 1936, weil Darwin von seiner Reise mit der *HMS Beagle* im Jahr 1835 31 unterschiedliche Exemplare dieser Finken von den Galapagos-Inseln mitgebracht und sie 1837 der *Zoological Society of London* geschenkt hatte. Der Kurator der Zoologischen Gesellschaft John Gould (1804–1881) hatte beim Katalogisieren der Vögel entdeckt, dass es sich um eine ganz neue Gruppe mit mehreren Arten handelte. All diese unterschiedlichen Arten gehen auf einen gemeinsamen Vorfahren zurück, wobei sich die einzelnen Populationen den vorherrschenden Bedingungen ihres jeweiligen Lebensraumes (Gebirge, Wald, Küstennähe ...) angepasst und dabei tatsächlich neue Arten gebildet haben.

Artbildung erfolgt aber nicht immer durch Abspaltung. Es kann sein, dass sich eine komplette Art verändert, wenn sie zum Beispiel nur an einem einzigen Ort vorkommt, also *endemisch* ist. Ändern sich dort die Umweltbedingungen, kann sich die ganze Art mitverändern. Es gibt dann nicht die alte Art plus eine neue, sondern nur noch die neue Art. Die alte Art stirbt aus, weil nur noch jene Individuen erfolgreich sind, die die neuen Eigenschaften haben, mit denen sie ihr Überleben sichern.

Isolation

Ich habe jetzt schon häufiger davon erzählt, dass die räumliche Abtrennung eines Teils einer bestehenden Population dazu führen kann, dass sich neue Arten bilden. Der genetische Austausch mit der Ursprungspopulation ist nicht mehr möglich, und je nachdem, welche Gene die abgesonderte Population mit sich bringt, kann sich tatsächlich auch eine neue Art herausbilden, wenn in ihr Allele vorhanden sind, die in der Ursprungspopulation nicht so häufig vorkommen.

Es muss aber nicht immer sein, dass sich der Begriff *Isolation* nur auf die räumliche/geographische Trennung einer Population von der Ursprungspopulation bezieht, also die sogenannte *allopatrische Artbildung* meint. Es kann auch passieren, dass sich eine Population räumlich nicht trennt, jedoch genetisch aufspaltet. Das bezeichnet man dann als *sympatrische Artbildung.*

Ein Beispiel für Letzteres aus dem Tierreich ist die Buntbarschpopulation im Bermin-See in Kamerun. Dieses Gewässer hat nur einen Durchmesser von 700 Metern und eine Tiefe von 16 Metern, es ist umgeben von einem dichten, schönen Urwald voller Vögel und summender, brummender Insekten. In so einem kleinen See gibt es normalerweise keinen Platz für eine räumliche Aufspaltung einer Population. Dennoch hat dort bei den Buntbarschen (*Cichlidae*) eine sympatrische Artbildung stattgefunden. Die meisten dieser Fische fressen *Detrius*, also Reste abgestorbener Pflanzen und Tiere. Dennoch haben sich dort Nahrungsspezialisten separiert: *C. imbriferna* filtriert Phytoplankton, und *C. spongotroktis* frisst Schwämme. Die *Spezialisierung auf unterschiedliche Nahrungsquellen* ist oft ein Faktor, durch den eine sympatrische Artbildung innerhalb einer Population im selben Lebensraum geschehen kann. Geschmäcker sind eben verschieden.

Der VW Jetta meiner Mutter

Ich erinnere mich noch gut an die Autobahnfahrten im kantigen, weißen VW Jetta meiner Mutter. Ich saß auf meinem bunt gemusterten Kindersitz auf der rechten Seite der Rückbank und beobachtete im Rückspiegel die Augen meiner Mutter, umrahmt von einer großen, schweren Brille, die sie nur fürs Autofahren aufsetzte.

Wenn wir meine Großeltern besuchten, fuhren wir auf der A66 entlang, die kurz vor ihrem Wohnort rechts und links von großen, grauen Lärmschutzmauern mit runden und gestreiften Mustern abgeschirmt wird und dann in eine Landstraße übergeht. Meistens lief eine Kassette von Juliane Werding oder eine mit dem Musical *Rocky Horror Picture Show* darauf – bis heute kann ich alle Lieder mitsingen.

Meine Mutter mochte es nicht, wenn ich während der Fahrt die ganze Zeit das Fenster geöffnet hatte, weil sonst in relativ kurzer Zeit eine illustre Runde an Wespen, Fliegen und Bienen als Passagiere hereinkam und sie beim Fahren ablenkte. Was mit deren surrenden Kolleginnen und Kollegen geschah, konnten wir dann immer beim Aussteigen sehen.

Während ich noch meine Malbücher und Stifte auf der Rückbank zusammensuchte, stand meine Mutter schon neben

dem Auto über die Windschutzscheibe gebeugt und kratzte mit einem Schaber eine dicke Schicht zerplatzter Insekten vom Glas. Ich weiß noch, wie entsetzlich ich die Vorstellung fand, dass all diese Tiere während nur einer Autofahrt gestorben waren. Wie traurig ich war und wie aufmerksam ich die Scheibe mit meinen Augen absuchte, um vielleicht doch noch das ein oder andere Insekt auszumachen, dem man noch helfen konnte – aber nichts. Alle waren tot.

Wenn ich an den Garten meiner Großeltern denke, denke ich an meinen Großvater mit seiner Fliegenklatsche. Genau wie ich hat er Asthma, doch anders als ich hat er außerdem eine schwere Allergie gegen Wespenstiche – und Wespen kamen immer massenhaft zu Besuch. Wenn wir grillten, sah man manchmal kaum, was auf dem Teller lag unter den wimmelnden, aufgeregt herumtippelnden gelb-schwarz gestreiften Fluginsekten, die mit ihren Mundwerkzeugen eifrig Stückchen aus den Nackensteaks schnitten. Mein Großvater wedelte immer mit seiner Fliegenklatsche herum, um sich die

Insekten mit ihren für ihn gefährlichen Stacheln vom Leibe zu halten.

Woran ich mich jedoch auch erinnere: Schmetterlinge. So viele Schmetterlinge gab es in diesem Garten mit den Johannisbeersträuchern, dem Basilikum und den kleinen Steinhaufen, auf denen jedes Jahr mehr und mehr in Urlauben gesammelte Steine landeten. Auch zwischen den Findlingen und Holzscheiten im Schuppen krabbelte und wimmelte es. Die ganze Welt um mich herum war so unglaublich lebendig.

Diese Erinnerungen liegen mittlerweile fast dreißig Jahre zurück. Heute braucht meine Mutter im Auto keinen Insektenschaber mehr. Sie lebt zwar nicht mehr in der Mainmetropole Frankfurt, sondern eine dreiviertel Autostunde entfernt auf dem Land in der Wetterau, doch selbst dort hat sie beim Autofahren immer freie Sicht.

»Egal, wie lange und wie weit wir fahren, die Windschutzschreiben sind immer sauber, vielleicht klebt da mal eine Fliege dran, die kann ich mit einem Taschentuch wegmachen«, sagt sie, und: »Irgendwas stimmt da nicht.«

Dass irgendetwas bei unserem Insektenbestand aktuell »nicht stimmt«, ist in jedem Fall richtig. Doch liegt es wirklich am Artensterben, dass unsere Windschutzscheiben heutzutage sauberer als früher sind? Die Antwort ist ein klares *Jein*.

Die sauberen Windschutzscheiben werden von vielen Menschen als deutlicher Beweis dafür angesehen, dass es immer weniger Insekten in Deutschland gibt. Andererseits erleben weiterhin viele Menschen, dass ihre Windschutzscheiben immer noch voller Insektenleichen kleben, wenn sie eine längere Autofahrt gemacht haben. Wie kann das sein?

Nun, einerseits hat sich die Bauart der Autos verändert. Im Vergleich zum Jetta meiner Mutter sind sie stromlinienförmiger geworden, man sagt dazu: Die *Schlüpfrigkeit* steigt. Durch die bessere Aerodynamik gleiten die Insekten an der Scheibe vorbei, sofern sie nicht zu schwer sind und das Auto nicht extrem schnell fährt.

Schön wäre es, wenn das allein der Grund für die freiere Sicht auf der Autobahn wäre. Aber es gibt noch einen anderen Grund, der zwar auch mit technischem Fortschritt zu tun hat, jedoch auf eine negative Art und Weise: das durch uns Menschen verursachte Insektensterben. Und damit kommen wir zum unschönen Teil dieses kleinen Büchleins.

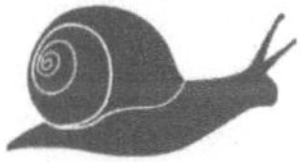

Die Bedrohung der Biodiversität

»Liebe Freunde,
die Menschheit führt einen Krieg gegen die Natur. Das ist selbstmörderisch. Die Natur schlägt immer zurück – und sie tut es bereits mit wachsender Kraft und Wut. Die Artenvielfalt bricht zusammen. Eine Million Arten sind vom Aussterben bedroht. Ökosysteme verschwinden vor unseren Augen. Wüsten breiten sich aus. Feuchtgebiete gehen verloren. Jedes Jahr verlieren wir zehn Millionen Hektar Wald. Die Ozeane sind überfischt – und ersticken in Plastikmüll. Das Kohlendioxid, das sie aufnehmen, lässt die Meere versauern. Korallenriffe sind gebleicht und sterben ab. Die Luft- und Wasserverschmutzung fordert jährlich neun Millionen Todesopfer – mehr als das Sechsfache der derzeitigen Pandemie. Und da Menschen und Viehbestände immer weiter in die Lebensräume von Tieren eindringen und wilde Gebiete zerstören, könnten mehr Viren und andere Krankheitserreger vom Tier auf den Menschen übergehen. Wir sollten nicht vergessen, dass 75 Prozent der neuen und neu auftretenden Infektionskrankheiten beim Menschen zoonotisch sind. [...] Das vergangene

Jahrzehnt war das wärmste in der Geschichte der Menschheit. Die Erwärmung der Ozeane hat ein Rekordniveau erreicht. In diesem Jahr wurden mehr als 80 Prozent der Weltmeere von Hitzewellen heimgesucht. In der Arktis war es 2020 außergewöhnlich warm, mit Temperaturen von mehr als drei Grad Celsius über dem Durchschnitt – und mehr als fünf Grad in Nordsibirien. Das Meereis in der Arktis war im Oktober so niedrig wie nie zuvor – und jetzt friert es so langsam wieder zu wie nie zuvor. Das Grönlandeis hat seinen langfristigen Rückgang fortgesetzt und verliert durchschnittlich 278 Gigatonnen pro Jahr. Der Permafrost taut auf und setzt dadurch Methan frei, ein starkes Treibhausgas. Apokalyptische Brände und Überschwemmungen, Wirbelstürme und Hurrikane sind zunehmend die neue Normalität. […] In der Zwischenzeit hat die Klimapolitik die Herausforderung noch nicht angenommen. Die Emissionen sind heute um 62 Prozent höher als zu Beginn der internationalen Klimaverhandlungen im Jahr 1990. Jedes Zehntel Grad Erwärmung zählt. […] Wir sollten uns darüber im Klaren sein, dass menschliches Handeln die Ursache für unseren Abstieg ins Chaos ist. Das bedeutet aber auch, dass menschliches Handeln zur Lösung des Problems beitragen kann.«

– Eröffnung der Rede »über den Zustand des Planeten« von UN-Generalsekretär António Guterres an der Columbia University am 2. Dezember 2020

Im Kasten steht der Beginn einer Rede, die der UN-Generalsekretär im Dezember 2020 gehalten hat und in der es um den aktuellen Zustand unseres Planeten geht. Die sehr deprimierende Auflistung war noch deutlich länger, ich habe sie gekürzt. Dennoch merkt man beim Lesen: Wir stecken richtig in Schwierigkeiten.

Neben dem Klimawandel ist der zunehmende Verlust der Biodiversität das drängendste Problem unserer Zeit, doch im Vergleich zum Klimawandel bekommt diese Gefahr deutlich weniger Publicity. Beziehungsweise ist vielen Menschen gar nicht klar, dass es nicht darum geht, ob hier und da mal ein paar Blumen weniger vorkommen oder eine bestimmte Schnecke ausstirbt. Es geht ganz konkret um die Zukunft unseres Planeten – und damit auch um die Zukunft unserer Existenz. Brechen unsere Ökosysteme zusammen, verlieren wir unsere Lebensgrundlagen und werden von all den wegen uns Menschen aussterbenden Organismen mit in den Abgrund gezogen.

Die Erfassung von Biodiversität und ihrer Gefährdung

Das Drama, das sich auf unserer Erde abspielt, wird von uns katalogisiert und verwaltet. Forscherinnen und Forscher führen Bestandsaufnahmen der Biodiversität durch und wiederholen sie regelmäßig, was man als *Monitoring* bezeichnet. Gefährdete Arten werden in der *Roten Liste der IUCN* (*International Union for Conservation of Nature*, auf Deutsch: *Weltnaturschutzorganisation*) und den Roten Listen der verschiedenen Staaten festgehalten, die noch in viele Unterlisten aufgeteilt sind, um einen regional besseren Überblick zu geben oder bestimmte Artgruppen hervorzuheben.

Die erste Rote Liste wurde 1962 herausgegeben, damals noch unter dem Namen *Red Data Book*, an dessen Herausgabe unter anderem der bekannte deutsche Zoologe Bernhard Grzimek (1909–1987) beteiligt war. In diesem Buch fanden sich damals 211 Säugetier- und 312 Vogelarten – alle anderen Organismen blieben außen vor.

Die Rote Liste umfasst bis heute nicht alle bekannten Arten, aber jedes Jahr kommen neue Spezies hinzu. Es dauert eine Weile, bis man die einzelnen Arten untersucht und ihren Gefährdungsstatus beurteilt hat, weshalb die Liste trotz aller Bemühungen nur vergleichsweise langsam wächst.

Heutzutage sieht die weltweite Rote Liste nach IUCN so aus (Stand: Dezember 2021):

	Ungef. Anzahl beschriebener Arten	**Durch IUCN beurteilte Arten**	**Davon bedrohte Arten**
Wirbeltiere	73 883	57 155	10 437
Wirbellose	1 491 386	26 514	6042
Pflanzen	423 373	58 343	23 335
Pilze & Protisten	141 381	565	270
Gesamt	**2 130 023**	**142 577**	**40 048**

Auch hier zeigt sich wieder das, was ich weiter vorn schon beschrieben habe: Große und gut sichtbare Arten sind gut untersucht, kleine und für uns auf den ersten Blick nicht ›nützliche‹ Arten sind eher nicht in unserem Blickfeld. Das sieht man auf der Liste zum Beispiel bei den Wirbellosen: Nur 2 Prozent der beschriebenen Wirbellosenarten wurden bisher durch die IUCN evaluiert, das passiert auch erst seit Anfang der 1990er

Jahre. Und das ist dramatisch, denn gerade Weichtiere wie Schnecken und Muscheln sterben aktuell ganz leise in Massen aus – doch dazu komme ich in einem späteren Kapitel noch.

Die Erfassung der Arten ist wirklich sehr aufwändig, muss man sagen. Bis die IUCN herausgefunden hat, wo eine Art verbreitet ist, wie häufig die Individuen dort vorkommen etc., geht schon einige Zeit ins Land. In den meisten Biozönosen sind einige wenige Arten mit sehr vielen Individuen vertreten, während viele andere Arten im Verbreitungsgebiet nur in geringerer Individuenzahl vorkommen. Kurz: Man muss manchmal ganz schön nach ihnen suchen.

Wenn man versucht, die Artenvielfalt quantitativ zu erfassen, muss man die verschiedenen Eigenschaften der zu untersuchenden Organismen berücksichtigen, und auch deren Lebensrhythmus ist sehr individuell. Wenn ich mich im Sommer auf ein Feld stelle, um alle dort lebenden Arten zu zählen und katalogisieren, gehen mir die ganzen Arten, die nur im Frühjahr, Herbst oder Winter vorkommen, durch die Lappen. Das bedeutet, dass ich die Arterfassung das ganze Jahr über durchführen muss, um wirklich den größten Teil der Arten zu erwischen. Gerade bei Pflanzen treiben außerdem nicht alle Arten jedes Jahr aus. Es kann also sein, dass eine Pflanze ein Jahr lang nur als Samen vorkommt und erst im nächsten Jahr keimt, wächst und damit sichtbar wird. Das erweitert mein Arterfassungsprojekt schon einmal auf mindestens zwei oder sogar drei Jahre – oder noch mehr. Denn wie ich eben anmerkte, gibt es viele Arten nur in sehr geringer Individuenzahl. Also kann es gut sein, dass mir bei meiner Zählung in einem Frühjahr hier und da Arten durch die Lappen gehen. Wenn ich hingegen vier oder fünf Jahre lang regelmäßig wiederkomme, steigt die Wahrscheinlichkeit, alle Arten zu erwischen.

Wenn ich meine ganzen Stichproben mache, trage ich meine gezählten Arten in eine sogenannte *Artensummenkurve* ein. Am Anfang steigt sie noch steil an, weil ich bei den ersten Sammelaktionen auf dem Feld viele der häufigsten Arten entdecke – die Ausbeute ist entsprechend hoch. Komme ich im Laufe der Zeit immer wieder und nehme neue Proben, flacht die Kurve bei der Anzahl der entdeckten Arten immer stärker ab, weil nach und nach immer weniger neue Arten dazukommen.

Es gibt auch ein Maß, um die Artenvielfalt, beziehungsweise auch die relative Häufigkeit der Arten in einer Biozönose oder einem Ökosystem, anzugeben: den *Shannon-Weaver-Diversitätsindex,* einen sogenannten *Biodiversitätsindex.* Das ist eine mathematische Formel, die ich Ihnen jetzt erspare, damit Sie nicht genervt das Buch in die Ecke werfen. Solche Indizes sind ein gutes Standardisierungswerkzeug, um die Biodiversität in unterschiedlichen Lebensräumen miteinander zu vergleichen. Jedoch sagen sie wenig über die tatsächliche Biodiversität eines einzelnen Lebensraums aus.

Endlinge

Im Juli 2019 veröffentlichte Ed Yong in der Zeitschrift *The Atlantic* einen Text namens *The Last of Its Kind*, zu Deutsch: Die Letzte ihrer Art. In dem Artikel geht es um George, eine Schnecke aus Hawaii, der dieses Buch auch gewidmet ist. Er war der letzte Vertreter der Art *Achatinella apexfulva* und lebte in einer Forschungsstation, in der sich Wissenschaftlerinnen und Wissenschaftler seit Jahren darum bemüht hatten, einen Paarungspartner für George zu finden, um die Art doch noch zu retten – vergeblich. Während die Welt ins neue Jahr hineinfeierte und die Korken knallen ließ, starb er am

»Wenn Tiere aussterben, bezeichnet man den letzten Überlebenden als Endling. Es ist ein Wort von sanfter Schönheit, von herzzerreißender Einsamkeit und eiskalter Endgültigkeit. Der Titel stammt von Lonesome George, der letzten Schildkröte der Pinta-Insel, nach der die Schnecke George benannt wurde. Er umfasst Martha, die Wandertaube, Benjamin, den Beutelwolf, und Booming Ben, das Heidehuhn. Schließlich wird er entweder Najin oder Fatu beschreiben, die beiden letzten nördlichen Breitmaulnashörner – beide weiblich, beide nicht schwanger.

Endlinge sind Inbilder des Verlustes. Inmitten des sechsten Massenaussterbens auf der Erde verkörpern diese einzigartigen Kreaturen die Krise, mit der unsere schwindende Tierwelt konfrontiert ist – und unser Versagen, diese abzuwenden. Wenn eine Spezies bis auf den Endling ausgerottet ist, ist sie funktional ausgestorben.«

– Ed Yong: The Last of Its Kind, The Atlantic 2019

Neujahrstag 2019 im Alter von 14 Jahren allein in seinem Terrarium.

Normalerweise bekommt man nicht mit, wenn ein Tier ausstirbt. Gerade bei so kleinen Lebewesen wie Schnecken geht das leise und unauffällig vonstatten, ja, viele sterben sogar aus, bevor wir von der Existenz jener Art auch nur eine Ahnung hatten. Doch George starb unter menschlicher Beobachtung und riss seine ganze Art mit sich – denn George war ein *Endling*.

Das Wort wurde 1996 von Robert M. Webster und Bruce Erickson als Begriff für Menschen oder Lebewesen vorgeschlagen, die die letzten ihrer Linie, beziehungsweise die Letzten ihrer Art waren. Ich kann mir nicht vorstellen, was ich empfinden würde, wenn ich vor dem letzten Exemplar einer Art stünde. Was ich gefühlt hätte, wenn ich George tot in seinem kleinen Terrarium gefunden hätte – als Schlusspunkt der Geschichte seiner Art. Schon Yongs Artikel zu lesen, war unglaublich schmerzhaft.

Ich empfehle Ihnen die Lektüre des ganzen Textes sehr, aber Achtung: Jedes Mal, wenn ich den Text lese, kommen mir die Tränen – also Taschentuch bereithalten. Sicherheitshalber.

Martha, die Wandertaube

Ein weiterer bekannter Endling, den Yong auch in seinem Artikel anspricht, ist die *Wandertaube Martha.* Wandertauben (*Ectopistes migratorius*) zählten noch zu Beginn des 19. Jahrhunderts zu den häufigsten Vogelarten der Welt und zu den am häufigsten vorkommenden Vögeln Nordamerikas – ihr Bestand wurde damals auf drei bis fünf Milliarden Exemplare geschätzt. Ihre Brutkolonien umfassten mehrere hundert Quadratkilometer, und die Schwärme, in denen sie übers Land zogen, verdunkelten den Himmel, so groß waren sie. Es gab mehrere Versuche, die Schwarmgrößen zu berechnen – die Zahlen, die dabei herauskamen, waren gigantisch. 1866 wurde ein über 14 Stunden lang übers Land ziehender Schwarm auf über drei Milliarden Tauben geschätzt. Der Künstler James Audubon (1785–1851), der sich auf die Gemälde von Vögeln spezialisiert hatte, hielt seine Beobachtungen eines solchen Schwarmes 1813 fest:

> Ich stieg ab, setzte mich auf eine Anhöhe und begann, mit meinem Bleistift einen Punkt für jeden vorbeiziehenden

Schwarm zu machen. Nach kurzer Zeit fand ich die Aufgabe, die ich mir vorgenommen hatte, undurchführbar, da die Vögel in unzähligen Scharen herbeiströmten. [...] das Licht des Mittags war wie durch eine Finsternis verdunkelt; der Kot fiel in Flecken, die schmelzenden Schneeflocken nicht unähnlich waren, und das anhaltende Schwirren der Flügel hatte die Tendenz, meine Sinne zur Ruhe zu bringen ... Ich kann Ihnen nicht beschreiben, wie schön ihre Flugbewegungen waren, als sich ein Falke zufällig an den hinteren Teil des Schwarms drängte. Mit einem Mal stürzten sie wie ein Strom und mit einem Geräusch wie Donner zu einer kompakten Masse zusammen und drängten sich gegenseitig in die Mitte. In diesen fast festen Massen schossen sie in wellenförmigen und kantigen Linien vorwärts, stiegen herab und fegten mit unvorstellbarer Geschwindigkeit dicht über die Erde, stiegen senkrecht auf, so dass sie einer riesigen Säule glichen, und wenn sie hoch oben waren, sah man sie sich in ihren fortgesetzten Linien drehen und winden, die dann den Windungen einer gigantischen Schlange glichen ... Vor Sonnenuntergang erreichte ich Louisville, das fünfundfünfzig Meilen von Hardensburgh entfernt ist. Die Tauben zogen immer noch in unverminderter Zahl vorbei und taten dies drei Tage lang hintereinander.

In der zweiten Hälfte des 19. Jahrhunderts brachen die Bestände plötzlich massiv ein. Bis heute versteht man diese Vorgänge nur teilweise, viele Aspekte sind unklar. Dennoch zeigen die Daten, dass die Wandertaube auch wegen uns Menschen ausgestorben ist. Wir zerstörten ihre Lebensräume und Brutkolonien, wir bejagten sie exzessiv. Es ist überliefert, dass ein Vogelhändler an nur einem Tag 18 000 Wandertauben verkaufte – unvorstellbar.

Bénédict Henry Révoil (1816–1882) war vielleicht einer der ersten Schriftsteller, der 1856 seine Besorgnis über das Schicksal der Wandertaube äußerte, nachdem er 1847 Zeuge einer Jagd auf diese Tiere geworden war:

> Alles deutet darauf hin, dass die Tauben, die die Isolation nicht ertragen können und gezwungen sind, zu fliehen oder ihre Lebensweise zu ändern, je nachdem, wie schnell Nordamerika durch den Zustrom von Europäern bevölkert wird, am Ende einfach von diesem Kontinent verschwinden werden, und wenn die Welt dem nicht innerhalb eines Jahrhunderts ein Ende setzt, will ich wetten, […] dass der Amateur der Ornithologie keine wilden Tauben mehr finden wird, außer denen in den Museen für Naturgeschichte.

Und er behielt Recht. 1880 brach der Bestand komplett ein, was für Menschen natürlich kein Grund ist, irgendetwas an ihrem Verhalten zu ändern. Die Taube wurde weiter bejagt, während Versuche, sie zu domestizieren und zu züchten, erfolglos blieben. Am 1. September 1914 starb die Taube Martha im Zoo von Cincinnati als Letzte ihrer Art und beendete damit die Ära der Wandertauben.

Der direkte Zugriff durch den Menschen

Genau wie für die Wandertauben ist für viele andere Arten der direkte Zugriff durch den Menschen eine große Gefahr. In solchen Fällen passt eher der Begriff ›Ausrottung‹ statt ›Aussterben‹, da Letzteres so klingt, als sei das ein natürlicher Prozess gewesen – was es nicht ist, wenngleich bei jenen Tauben auch noch andere unklare Faktoren das Aussterben der Art beschleunigt haben. Dennoch gibt es durchaus Tierarten, die eindeutig ausschließlich durch die Bejagung durch den Menschen von unserem Planeten verschwunden sind – zum Beispiel die Stellersche Seekuh (*Hydrodamalis gigas*), die 1768 durch uns Menschen ausgerottet wurde. Und auch dem Dodo, der durch seine Ausrottung traurige Berühmtheit erlangte, ging es auf Mauritius und La Réunion sehr gut, bevor wir Menschen dort aufgetaucht sind – ungefähr 100 Jahre nach dem Erstkontakt mit uns war der Vogel ausgestorben. Um etwas als ›hinüber‹ oder ›mausetot‹ zu bezeichnen, verwendet man im Englischen die Bezeichnung *dead like a dodo*.

Auch die Fischerei ist ein Faktor, der die im Meer lebenden Arten extrem unter Druck setzt und die Biodiversität unserer Ozeane zerstört. Die Fangquoten der Europäischen Union sind so hoch, dass dadurch Überfischung quasi als politisches Ziel festgesetzt wurde.

Wenn man sich den Zweijahresbericht der *Ernährungs- und Landwirtschaftsorganisation der Vereinten Nationen (FAO)* zu Gemüte führt (zum Beispiel, weil man ein bisschen zu gut

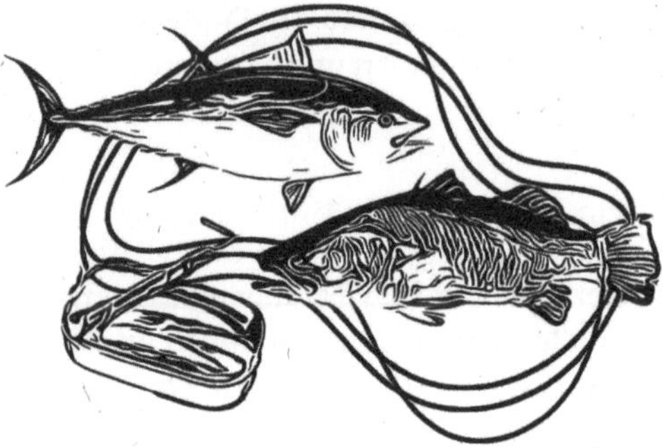

gelaunt ist und dringend einen Dämpfer braucht), wird man feststellen, dass rund ein Drittel der Fischbestände überfischt sind. Auch die neuen Fangquoten, die die EU für das Jahr 2022 festgesetzt hat, zeigen, dass ihr definitiv der politische Wille fehlt, etwas daran zu ändern.

War 1974 noch ein Viertel der Fischbestände »unterfischt«, beträgt dieser Anteil heute nur noch 6 Prozent. Damals wurden 90 Prozent der Bestände nachhaltig befischt (das Nachwachsen der Fischbestände ist also gewährleistet), heute sind es nur mehr 68 Prozent.

Wachsende Weltbevölkerung, steigender Ressourcenverbrauch und Übernutzung natürlicher Ressourcen

Natürlich kommen die Überfischung oder sonstige Entnahme wie Pflanzensammeln und Jagd nicht von ungefähr: Je mehr wir Menschen uns ausbreiteten, umso enger wurde es für die Tierwelt. Die *Overkill-Hypothese* hat Paul S. Martin in den 1960er Jahren aufgestellt. Sie besagt, dass der Mensch schon nach der Eiszeit die Artenvielfalt unter den Großsäugern in

Mitteleuropa und auch in anderen Gegenden der Welt stark reduzierte, sodass insbesondere weniger große Pflanzenfresser die Flora in den Gebieten abweiden konnten: Das Verschwinden von Megafauna wie Wollnashörnern und Riesenhirschen sorgte daher für eine stärkere Verwaldung der Habitate. Bisher unklar ist, welche der Aussterbeursachen *Mensch* und *sich änderndes Klima* größeres Gewicht hatte. Unbestritten ist jedoch, dass die Ausbreitung des Menschen das Problem verschärft hat.

Natürlich haben wir Menschen nicht nur durch das Jagen und Sammeln mehr und mehr Einfluss auf die Landschaften genommen. Als wir vor rund 12 000 Jahren in der Jungsteinzeit sesshaft wurden und begannen, Felder zu bestellen und Landwirtschaft zu betreiben, hat das ganze Landschaften verändert. Wälder wurden gerodet, Wiesen zu Äckern gemacht. Heutzutage kann man sich nur schwer vorstellen, wie Deutschland vor 12 000 Jahren wohl von oben ausgesehen hätte. Heute besteht unsere Landfläche aus einem Flickenteppich von Siedlungen, Feldern und zerstückelten Wäldern – doch dazu gleich mehr. Je mehr Menschen es gab, umso stärker wurde ihr Einfluss auf die Natur.

In den Jahren 10 000 v. Chr. bis zum Jahr 0 sah die Wachstumskurve der Weltbevölkerung aus wie im nachfolgenden Schaubild dargestellt. Betrachten wir die Wachstumskurve vom Jahr 0 bis heute, sehen wir, dass die Bevölkerungszahl ab dem 17. Jahrhundert stärker ansteigt (s. S. 64).

Um das Jahr 1600 gab es schätzungsweise 300 Millionen Menschen auf der ganzen Welt – so viele leben im 21. Jahrhundert allein in den Vereinigten Staaten von Amerika. 1859 existierte bereits eine Milliarde Menschen auf unserem Planeten, rund 100 Jahre später waren es schon über zwei Milliarden.

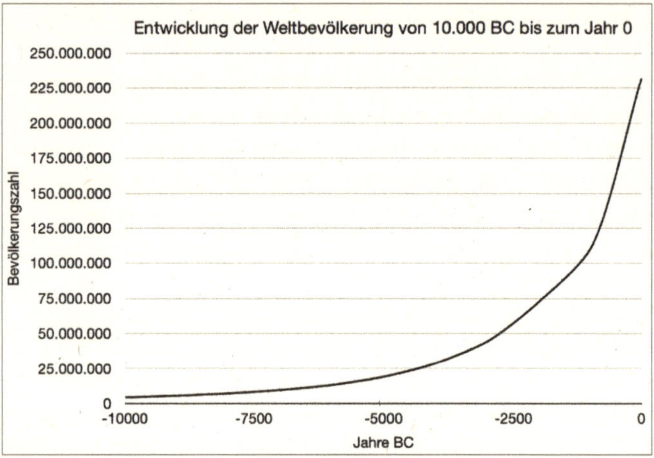
Entwicklung der Weltbevölkerung von 10.000 BC bis zum Jahr 0
250.000.000
225.000.000
200.000.000
175.000.000
150.000.000
125.000.000
100.000.000
75.000.000
50.000.000
25.000.000
0
Bevölkerungszahl
-10000
-7500
-5000
-2500
0
Jahre BC

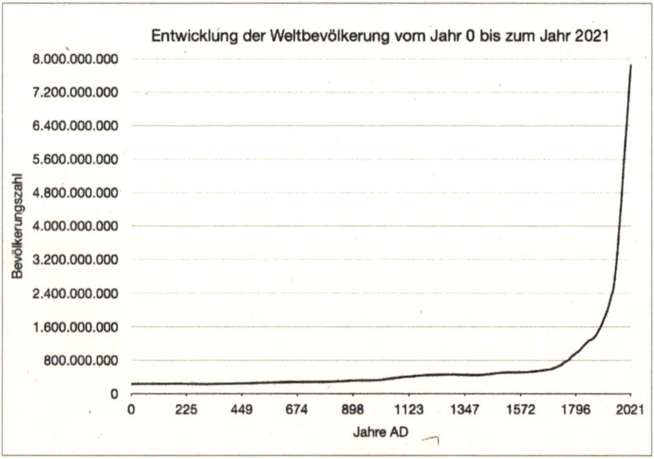
Entwicklung der Weltbevölkerung vom Jahr 0 bis zum Jahr 2021
8.000.000.000
7.200.000.000
6.400.000.000
5.600.000.000
4.800.000.000
4.000.000.000
3.200.000.000
2.400.000.000
1.600.000.000
800.000.000
0
Bevölkerungszahl
0
225
449
674
898
1123
1347
1572
1796
2021
Jahre AD

Und je weiter die Zeit voranschreitet, desto steiler wird die Wachstumskurve. Betrachtet man die Wachstumskurve komplett vom Jahr 10 000 v. Chr. bis heute, sieht man, wie die Verbreitung der Art Mensch regelrecht explodiert ist:

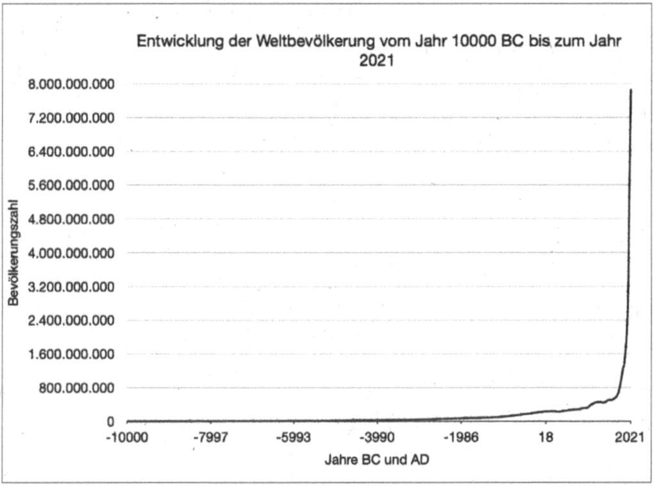

Laut Statista wächst die Weltbevölkerung pro Sekunde um 2,6 Personen an, pro Minute kommen 157 Menschen hinzu, pro Tag macht das 225 690 mehr Personen auf der Welt, und pro Jahr wächst die Weltbevölkerung um über 82 Millionen Menschen – das entspricht der Einwohnerzahl Deutschlands. Auf www.dsw.org/weltbevoelkerung kann man sich die Weltbevölkerungsuhr anzeigen lassen und dabei zusehen, wie die Zahl der Menschen auf diesem Planeten wächst und wächst und wächst.

Earth Overshoot Day

Im Jahr 2021 fiel der sogenannte Earth Overshoot Day in Deutschland auf den 5. Mai. 2022 begrüßten wir in Deutschland diesen traurigen Feiertag bereits am 4. Mai, Katar und Luxemburg erreichten diese Marke schon im Februar 2022.

Betrachten wir mit diesem Maßstab, wann die gesamte Weltbevölkerung alle natürlichen nachwachsenden Ressourcen verbraucht hat, fand 2021 der internationale Earth Overshoot Day am 21. Juli statt. Vergleichen wir dieses Datum mit älteren Zahlen, sehen wir schon, wo die Reise hingeht: 2012 erreichten wir die Marke am 4. August, 2002 am 19. September, 1992 am 12. Oktober, 1972 hatten wir die Erschöpfung aller Ressourcen ›erst‹ am 10. Dezember erreicht. 1961 blieben sogar noch so viele nachwachsende Ressourcen übrig, dass sie bis ins folgende Jahr in den Mai 1962 hineinreichten. Sie sehen also: Statt zu sinken, wie es dringend nötig wäre, steigt unser Ressourcenverbrauch immer stärker an.

An und für sich sind die Gründe schön: Dank dem wissenschaftlichen und kulturellen Fortschritt gibt es höhere Geburtenraten und niedrigere Sterbezahlen. Vor allem die Säuglingssterblichkeit ist in den letzten 100 Jahren erheblich gesunken, und heutzutage muss man in den meisten Gegenden der Welt auch nicht mehr zwangsläufig an einem eingewachsenen und entzündeten Zehennagel sterben.

Je mehr Menschen es gibt, umso mehr beanspruchen wir jedoch von den natürlichen Ressourcen unseres Planeten, um unsere Grundbedürfnisse wie Nahrung, Wasser und Wohnraum zu stillen. Auffällig ist: Der Ressourcenverbrauch steigt schneller an als die Weltbevölkerung, was darauf schließen lässt, dass gleichzeitig unsere materiellen Ansprüche steigen. Natürlich schreiten die Technologisierung und Industrialisierung auch in Schwellenländern voran, was eine begrüßenswerte Entwicklung ist – immer mehr Menschen haben die Chance auf bessere Ernährung, sauberes Wasser, Bildung, Jobs und ausreichenden Wohnraum. Doch auch in den eigentlich schon reichen Industriestaaten wachsen die Ansprüche der Bewohnerinnen und Bewohner und damit der Ressourcenverbrauch. Das Problem: Wir kümmern uns recht wenig darum, diesen Verbrauch effizienter und effektiver zu gestalten.

Wenn wir uns anschauen, wie die großen Industriestaaten mit den natürlichen Ressourcen umgehen, kann uns schwindelig werden.

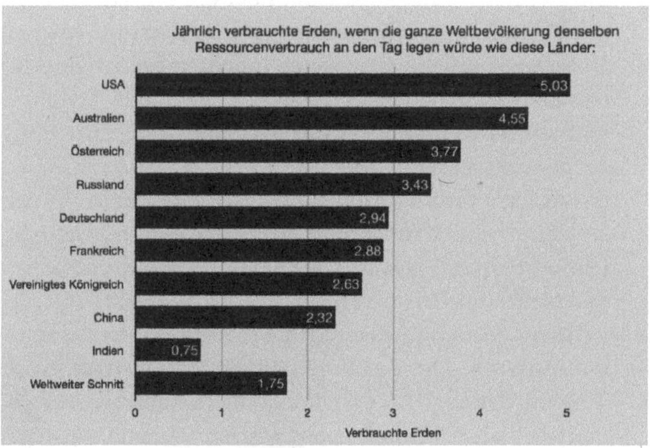

In Deutschland gehen wir mehr als dreimal so verschwenderisch mit unseren natürlichen Ressourcen um wie Indien. Natürlich liegt das auch daran, dass in Indien mehr Menschen als bei uns in ärmlichen Verhältnissen leben und beispielsweise nicht einmal Strom haben. Dennoch zeigen uns diese Daten, dass wir in Deutschland bei all dem technischen Fortschritt aus den Augen verloren haben, unseren Ressourcenverbrauch zu optimieren und den sich ändernden Gegebenheiten anzupassen.

Insgesamt verbraucht die gesamte Menschheit laut dem *Living Planet Report* des WWF 70 Prozent mehr Ressourcen, als uns eigentlich zustehen. Dadurch zerstören wir Lebensräume und auch Nahrungsressourcen, die vielen Arten nicht mehr zur Verfügung stehen, was wiederum zu Artensterben und Biodiversitätsverlust führt.

Der CO_2-Fußabdruck

Mit dem CO_2-Fußabdruck gibt man das Ergebnis einer Emissionsberechnung an, in diesem Fall den Ausstoß von Kohlenstoffdioxid. Indem wir unseren individuellen Fußabdruck berechnen, können wir herausfinden, wie viele Treibhausgase von uns durch unseren Alltag oder eine bestimmte Handlung freigesetzt werden.

Ich habe gerade mal auf der Webseite des WWF meinen CO_2-Fußabdruck ausrechnen lassen. Ich esse vegetarisch, habe kein Auto und fliege nicht, ich wohne in einem energiesparenden Neubaumehrfamilienhaus in einer Wohnung mit meinem Partner und komme dennoch auf stolze 8,36 Tonnen jährlichen CO_2-Ausstoß. Der deutsche Durchschnitt beträgt zwar 12,37 Tonnen, dennoch liege ich mit meinem Ausstoß deutlich über dem weltweiten Durchschnitt von 6,41 Tonnen CO_2.

Der CO_2-Fußabdruck hat aber auch ein Geschmäckle, denn er lenkt die Verantwortung für den Ausstoß von Kohlenstoffdioxid weg von den größten Verursachern, also großen Konzernen, hin zur Einzelperson. Und das ist auch gewollt: 2004 hat der Mineralölkonzern BP dieses Konzept für eine Werbekampagne erstellt, um vom massiven Ausstoß von Treibhausgasen durch die Ölindustrie abzulenken. Es wird suggeriert, dass wir als Verbraucherinnen und Verbraucher die Möglichkeit hätten, durch unseren individuellen Konsum einen Einfluss auf den CO_2-Ausstoß zu haben. Doch das ist ein Trugschluss: Unsere Klimakrise lässt sich nicht durch Unverpackt-Läden, Bio-Obst und Mülltrennung bewältigen. Die Maßnahmen, um das zu stoppen, müssen strukturell und im riesigen Maßstab erfolgen – und das schnell.

Habitatszerstörung, veränderte Landnutzung, Ausdehnung von Siedlungsflächen und Zerstückelung der Lebensräume

Vorhin habe ich erklärt, dass alle Lebensgemeinschaften in einem Lebensraum leben, dem Biotop. Natürlich sind alle Lebewesen von ihrem Lebensraum abhängig, bietet er ihnen doch Nahrung, Schutz, Brutplätze und mehr. Der heftigste Eingriff in die Habitate (= Lebensräume) war wohl die großangelegte *Umnutzung* der Landflächen zu landwirtschaftlichen Nutzflächen. Unzählige Wälder, Wiesen und Sümpfe wurden durch Monokulturen (Baumplantagen, Felder) ersetzt, Tausende Arten gingen mit diesen Lebensräumen unter. In Deutschland haben wir rund 95 Prozent unserer Moore trockengelegt, abgetorft, zu Landwirtschaftsfläche umgewandelt. Nur noch 5 Prozent dieser wichtigen Wasserspeicher, in denen oft hochspezialisierte Organismen leben, sind uns erhalten geblieben, nachdem wir mit gierigen Händen das letzte Tröpfchen Wasser aus ihnen herausgepresst haben. Es bricht mir das Herz, wenn ich daran denke.

Leider setzt sich der Trend der *Habitatzerstörung* fort. Während man in einer Ecke versucht zu retten, was noch übrig ist, werden an anderen Stellen der Welt Schutzzonen aufgehoben, Bauvorhaben durchgewinkt, Wälder abgeholzt und aus Landschaften riesige Braunkohlegruben gemacht, in denen man versucht, dem Planeten auch noch den letzten Krümel Kohle aus seinem schlaffen Leib zu reißen. Mit Entsetzen blicken wir alle nach Brasilien: Dort durften zwar in den zehn Jahren vor dem im Jahre 2019 erfolgten Amtsantritt des rechtspopulistischen und wirtschaftlich komplett neoliberal ausgerichteten Präsidenten Jair Bolsonaro jährlich niemals mehr als 10 000 Quadratkilometer Regenwald gerodet werden – was ja schon eine gewaltige Menge war. Doch unter seiner Führung stiegen die Rodungen noch um mehr als 22 Prozent an, und er ›glänzt‹ besonders durch die Abschaffung von immer mehr Schutzgebieten.

Dabei ist der Amazonasregenwald die »grüne Lunge« unseres Planeten und für den Klimaschutz essenziell wichtig – und er erholt sich immer schlechter. Vor Kurzem brachte das Team um den Wissenschaftler Chris A. Boulton eine Studie heraus, in der ein Satz besonders hervorsticht:

> Wir stellen fest, dass mehr als drei Viertel des Amazonasregenwaldes seit Anfang der 2000er Jahre an Widerstandsfähigkeit verloren haben, was mit dem Ansatz eines kritischen Übergangs in Einklang steht.

Kurz und knapp: Der Regenwald steht kurz vor dem nicht mehr rückgängig zu machenden Zusammenbruch.

Doch nicht nur Habitatsverluste führen zu einem massiven Rückgang von Biodiversität. Auch die *Zerstückelung der Lebensräume* ist ein menschengemachtes Problem, das viele Lebewesen vor eine kaum zu meisternde Herausforderung stellt. Oft belächeln Menschen Nachrichtenmeldungen über Umweltaktivistinnen und -aktivisten, die mit letzten Mitteln versuchen, den Bau von Autobahnen oder Ähnlichem wegen einer Krötenart oder einer Fliege zu stoppen. Mit Unverständnis bis Wut wird reagiert, wenn groß geplante Siedlungsgebiete »nur« wegen einer Fledermausart nicht realisiert werden können. Diesen Menschen ist oft nicht klar, dass die Entfernung einer Art, die vielleicht eine Schlüsselfunktion in einem Lebensraum hat, zum Zusammenbruch eines ganzen Ökosystems führen kann, wenn keine andere Art dort vorhanden ist, die deren Aufgabe übernimmt.

Die Reduzierung der Biodiversität durch Zerstückelung der Habitate erfolgt schleichend. Es kann sein, dass verschiedene Populationen nun keinen Weg mehr zueinander finden, sodass kein Genaustausch mehr möglich ist. Oder eine Art wird von ihren klassischen Brutplätzen oder Nahrungsressourcen abgeschnitten und stirbt deshalb in diesem Gebiet aus, was wiederum das Aussterben anderer Arten, die von ihr abhängen, zur Folge haben kann.

Umweltverschmutzung

Umweltverschmutzung ist ein gewaltiges Problem, das den meisten Menschen vage bewusst ist. Unsere Ozeane sind voller Müll, was jedes Jahr zehntausenden, vielleicht hunderttausenden Tieren das Leben kostet. Von den jährlich weltweit erzeugten 78 Millionen Tonnen Plastikverpackungen landen sage und schreibe 32 Prozent in der Umwelt. Die Luftverschmutzung macht den Wäldern zu schaffen. Seit der großen Debatte um das *Waldsterben* in den 1980er Jahren hier in Deutschland ist diese Notlage unserer Wälder Dauerthema. Unsere Gewässer werden durch Siedlungsabwässer, Industrieabfälle, Düngemittel, Reinigungsmittel, Medikamentenrückstände bei Mensch und Tier und viele andere Faktoren bedroht. Pestizide töten massenhaft Insekten und auch Vögel, die diese Insekten fressen. Leider reagiert die Politik darauf nur sehr zögerlich mit Verboten und ist sehr träge in ihrer Entscheidungsfindung. Meist hat die Agrarlobby mehr Einfluss als Naturschutzorganisationen und Forschung, weshalb wir weiterhin mit ansehen müssen, wie Pestizide die Biodiversität auf unserer Welt rasant dezimieren. Kurzfristige wirtschaftliche Ziele verbauen die Sicht auf langfristige Lösungen, die sich auch wirtschaftlich lohnen würden. Den meisten Menschen ist nämlich gar nicht klar, was uns eine fortschreitende Naturzerstörung und der entgleisende Klimawandel noch kosten werden.

Ein weiteres Beispiel für Umweltverschmutzung und ihre Auswirkungen: Noch vor 25 Jahren war der in Indien vorkommende Bengalgeier einer der häufigsten Greifvögel auf unserem Planeten – in meinem Buch *Abschied von Hermine* erwähne ich diese Tiere, weil sie an Himmelsbestattungen beteiligt waren, bei denen sie verstorbene Menschen verzehrten und mit sich in den Himmel trugen. Heute sind sie nahezu komplett ausgestorben. Was ist passiert?

Schuld war der Wirkstoff *Diclofenac*, der in einem Medikament für kranke Rinder enthalten ist, das ab den 1990er Jahren in sehr großem Maßstab angewendet wurde. Fressen Geier von einem verendeten Rind, das auch nur winzigste Mengen dieses Wirkstoffes verabreicht bekommen hat, sterben sie an Nierenversagen – und das in Massen.

Eigentlich würde man denken, dass andere Staaten diese Vorgänge zur Kenntnis und Abstand von solchen Mitteln nehmen würden – doch es kam anders. 2013 wurden in Spanien Tiermedikamente mit genau jenem gefährlichen Wirkstoff zugelassen, während gleichzeitig gestattet wurde, verendete Nutztiere Aasfressern zu überlassen – und jetzt raten Sie mal, wo die meisten Geier Europas leben? Richtig: in Spanien. Letztes Jahr wurde das erste Mal ein Geier gefunden, der nachweislich an Diclofenac verendet war. Wir haben keine Ahnung, wie weit ein eventuelles Geiersterben schon vorangeschritten ist, doch die Zeichen lassen nichts Gutes erahnen. Auch Medikamente für den Menschen mit diesem Wirkstoff (zum Beispiel Tabletten oder schmerzlindernde Salbe) sind eine Gefahr für die Umwelt. Gelangen sie über Abwasser in Gewässer, verursachen sie auch bei Fischen tödliches Nierenversagen.

Tourismus und Freizeit

Seit Jahren geht der Trend weg von Pauschalreisen hin zu Outdoor-Aktivitäten und instagramtauglichen Reisen durch Wälder, über Berge und zu den Nordpolarlichtern. So begrüßenswert das steigende Interesse an der Natur ist, umso problematischer ist, dass vielen Reisenden die Landschaft nur als Kulisse dient. Oft sind sie nicht dafür sensibilisiert, dass ihr Verhalten vielleicht nicht gerade förderlich für die Biodiversität ist. Ausgewiesene Wanderwege werden verlassen und man trampelt durch die Vegetation, die für viele sowieso nur eine Art Teppich ist statt einer Ansammlung kleiner Lebewesen, auf die man tritt. Übrigens gibt es dafür, wenn Menschen Pflanzen nicht richtig wahrnehmen, einen Begriff: *plant blindness*, also *Pflanzenblindheit*. Natürlich meint es niemand böse, der sich auf dem Weg zu einer schönen Stelle aufgeregt mit der Kamera durch die Büsche schlägt. Für die Insekten oder Schnecken, die dabei zertreten werden, ist das aber nur ein schwacher Trost.

Was Tourismus mit ganzen Ökosystemen anrichten kann, kann man sehr gut am Beispiel der Alpen sehen. Auf der Webseite des Bundesamts für Umwelt, Naturschutz, nukleare Sicherheit und Verbraucherschutz (kurz: BMUV) heißt es dazu:

> Der Tourismus ist wichtig für die Wirtschaft im Alpenraum. Doch der Massentourismus gefährdet die Bergwelt. Hotels, Parkplätze, Straßen, Lift- oder Freizeitanlagen benötigen Platz. Große Flächen werden zugebaut und verkleinern so den Lebensraum für Pflanzen und Tiere. Dabei ist die intakte Natur eine Voraussetzung für den Tourismus.

Invasive Arten und Neobiota

Gemeinsam mit dem Menschen reisen auch andere Arten durch die Welt – manchmal absichtlich, oft genug jedoch auch unabsichtlich. Dadurch gelangen Lebewesen an Orte, die weit entfernt von ihrem natürlichen Verbreitungsgebiet sind. Finden sie dort Lebensbedingungen vor, an die sie sich gut anpassen können, kann es passieren, dass sie dort sesshaft werden, sich ausbreiten und dort bereits ansässige Arten vertreiben. *Nicht-einheimische* beziehungsweise *gebietsfremde* Pflanzen

bezeichnet man als *Neophyten*, gebietsfremde Tiere als *Neozoen* und Pilze als *Neomyceten.* Alle nicht-einheimischen Organismen fasst man unter dem Begriff *Neobiota* zusammen. Sind die Lebensbedingungen für eine neu eingeschleppte Art ideal und ist sie besonders ausbreitungsfreudig, bezeichnet man sie als *invasiv*, da sie wie beschrieben zu einer Bedrohung fürs Ökosystem werden kann.

Ein Beispiel für eine eingeschleppte Art, die viele Menschen kennen, ist das Drüsige Springkraut, *Impatiens glandulifera.* Seine hübschen rosa Blüten findet man oft in großer Zahl in feuchten Lebensräumen – im Dorf, in dem meine Mutter lebt, zieht es sich Hunderte Meter weit das Flussufer entlang. Da diese Pflanze, die gut und gerne zwei Meter hoch wird, anderen Pflanzen das Licht stehlen kann und weil sie sich durch die herumspringenden Samen sehr schnell sehr weit

Der Treibhauseffekt

Gäbe es den *natürlichen Treibhauseffekt* nicht, könnten wir auf unserem Planeten nicht leben, da dann der Großteil der Erde mit Schnee und Eis bedeckt wäre. Treibhausgase sorgen dafür, dass die vom Boden reflektierte Wärmestrahlung der Sonne nicht wieder komplett an das Weltall abgegeben wird, sondern teilweise auf unserem Planeten verbleibt. Beispiele für diese Gase sind:

- Kohlenstoffdioxid, also CO_2
- Methan
- Wasserdampf
- Ozon
- Lachgas

Die Treibhausgase legen sich wie eine dünne Decke um die Erde und sorgen dafür, dass bei uns genug Wärme übrigbleibt, sodass wir eine Durchschnittstemperatur von +15°C auf unserem Planeten haben.

ausbreiten kann, stellt sie vielerorts eine große Bedrohung für andere Pflanzen und indirekt auch Tiere dar, die von jenen verdrängten Pflanzen abhängig sind. Es gibt andererseits Gebiete, in denen diese Pflanze die einzige Futterquelle für viele Insektenarten ist – zum Beispiel in durch landwirtschaftliche Monokulturen geprägte Gebiete –, weshalb sie dort tatsächlich zur Biodiversität beiträgt. In den meisten Gegenden jedoch bringt sie Nachteile für die Ökosysteme mit sich, weshalb diese Pflanze seit ihrer Einschleppung aus Asien hartnäckig bekämpft wird.

Davon abzugrenzen ist der *anthropogene Treibhauseffekt*, den wir Menschen verursachen. Durch unseren Einfluss hat sich die Zusammensetzung der Atmosphäre derart verändert, dass viel weniger Wärmestrahlung als normal in den Weltraum entweichen kann, sodass mehr auf der Erde zurückbleibt. Dadurch erhöht sich die Durchschnittstemperatur auf unserem Planeten immer stärker, was zum Abschmelzen der Eismassen und dem damit verbundenen Anstieg des Meerwasserspiegels führt, zu immer mehr Dürren, Korallenbleichen, Waldbränden und unzähligen anderen Umweltkatastrophen. Um diese Auswirkungen zu reduzieren, wurde 2015 von fast allen Staaten der Erde auf der 21. UN-Klimakonferenz das *Abkommen von Paris* beschlossen, bei dem sie sich dazu verpflichtet haben, alles daran zu setzen, die durchschnittliche Erderwärmung auf *1,5 °C* zu beschränken. Das läuft leider nicht so gut, jedes Jahr werden die meisten Klimaziele verfehlt – auch von Deutschland.

Klimawandel

Klimaveränderungen haben schon immer maßgeblich zu Aussterbeereignissen beigetragen. Ein Beispiel ist das weiter vorn im Buch erwähnte Massenaussterben im Devon, bei dem die sich rasch ausbreitenden Pflanzen so viel CO_2 verbrauchten, dass die Temperatur rapide sank. In Kombination mit anderen Faktoren führte diese Klimaveränderung zum Aussterben von 75 Prozent der damals lebenden Organismen.

Temperaturveränderungen passieren auch ganz natürlich,

und es gab schon immer Klimaschwankungen. Früher zogen sich solche Veränderungen über tausende Jahre hin, doch die aktuelle Klimaerwärmung schreitet deutlich schneller voran. In den letzten 50 Jahren hat der Treibhausgasausstoß über 70 Prozent zugenommen und zum menschengemachten Klimawandel geführt. Übrigens hat der Wissenschaftler Richard Heede herausgefunden, dass wohl nur 90 Unternehmen weltweit für 63 Prozent aller CO_2-Emissionen verantwortlich sind, z. B. Ölfirmen, Raffinerien und Zementwerke. Auch deutsche Firmen sind in seiner Aufstellung dabei, wie zum Beispiel der Konzern RWE.

Heutzutage liegt die globale Durchschnittstemperatur schon 0,8 °C höher, als sie eigentlich betragen würde, hätte der Mensch die Zusammensetzung der Atmosphäre nicht schon so stark beeinflusst. Wie schnell sich dieser Trend fortsetzt und ob er gestoppt werden kann, ist davon abhängig, wie wir in Zukunft mit unseren Treibhausgasemissionen umgehen und ob sich politische Entscheidungsträgerinnen und -träger künftig ihrer Verantwortung stellen möchten – oder ob sie aus Angst vor Wahlniederlagen doch lieber keine ungemütlichen Entscheidungen treffen wollen. Das kann man natürlich machen, nur ist das Problem bei Entscheidungen, die man selbst nicht trifft, dass sie irgendwann *für* einen getroffen werden – und das in der Regel *deutlich* schlechter ausgeht.

Schauen wir uns an, was passieren würde, wenn die Durchschnittstemperatur unseres Planeten nicht nur um 1,5 °C, sondern um 3 °C steigen würde. Das wirkt erst einmal wie ein kleiner Wert – diese Veränderung hätte aber unter anderem die folgenden Nachwirkungen:

- Fast alle europäischen Gletscher verschwinden.
- Ackerland ist nur noch unglaublich schwer zu bewässern, was zu Ernteausfällen und Hunger führen wird. Nahrungspflanzen wie Mais und Soja werden nirgendwo mehr wachsen.
- Auch bei uns in Deutschland werden sich Wüsten ausbreiten.
- Hitzewellen werden Temperaturen mit sich bringen, die wir uns nicht einmal vorstellen können.
- Fluten, Starkregen, Hurrikane und andere extreme Wetterereignisse werden stark zunehmen.
- Es wird gewaltige Waldbrände geben – und das weltweit. Es kann sein, dass wir den ganzen Amazonasregenwald verlieren.
- Das Westantarktische Eisschild könnte schmelzen. Sollte das wirklich passieren, könnte das allein schon den Meeresspiegel um 5 Meter anheben, all die anderen den Meeresspiegel steigernden Faktoren noch nicht eingerechnet. Hamburg, wo ich diese Zeilen gerade schreibe, wird es dann nicht mehr geben.
- Materielle Schäden durch Sturm, Flut etc. werden von Versicherungen nicht mehr abgedeckt.
- Es wird zu noch nie gesehenen Fluchtbewegungen kommen. Viele Menschen werden ihr Zuhause verlieren und versuchen, einen Ort zu finden, an dem sie überleben können.
- Es wird Kriege um Ressourcen wie Wasser oder Ackerfläche geben.
- Ein massives Artensterben wird erfolgen.

Aktuell geht die Wissenschaft davon aus, dass es in diesem Jahrhundert zu einer Erderwärmung von 3,2 °C kommen wird, wenn die Staaten so weitermachen wie bisher. Das Team um die Wissenschaftlerin Rachel Warren hat 2018 in einer Studie ermittelt, dass es in diesem Fall zu massiven Biodiversitätsverlusten kommen wird. Laut ihrer Berechnung werden ungefähr 49 Prozent der Insektenarten, 44 Prozent der Pflanzen und 26 Prozent der Wirbeltiere mindestens die Hälfte ihres Verbreitungsraumes verlieren.

Das sechste Massenaussterben der Erdgeschichte

Die natürliche Aussterberate, die man auch als Hintergrundsterben bezeichnet, kann man nur schätzen, mithilfe von Fossilienfunden geht das aber einigermaßen gut. Die meisten Arten existieren nach diesen Erkenntnissen zwischen einer und zehn Millionen Jahren lang. Legen wir der Einfachheit halber die existierende Artenzahl auf zehn Millionen fest, würden durch das normale Hintergrundsterben jährlich eine bis zehn Arten aussterben. Die aktuelle Aussterberate liegt aktuell jedoch 100- bis 1000fach höher, mindestens.

Die eingangs erwähnte Konferenz zum Erhalt der Biodiversität im Jahr 1992 hatte eigentlich das Ziel, das große Aussterben bis 2010 zu stoppen. Wie wir sehen, hat das leider nicht einmal ansatzweise geklappt – die Situation hat sich sogar zugespitzt. Laut dem *Bericht der Vereinten Nationen zur Artenvielfalt* sterben aktuell bis zu 130 Tier- und Pflanzenarten täglich aus.

Aktuell schätzt man die ganz konkret vom Aussterben bedrohten Arten auf eine Million, diese Entwicklungen bezeichnet man auch als das *sechste Massenaussterben in der Erdgeschichte* – nur ist es diesmal menschengemacht. Das letzte vergleichbare Aussterbeereignis ereignete sich vor rund 66 Millionen Jahren am Ende der Kreidezeit, als mutmaßlich ein gewaltiger Asteroid auf der Erde einschlug und das Ende der Dinosaurier und überhaupt von 75 Prozent der Arten besiegelte.

In einer Studie von 2022 haben die Wissenschaftlerinnen und Wissenschaftler um Robert H. Cowie festgestellt, dass seit dem Jahr 1500 möglicherweise 7,5–13 Prozent (also 150 000–260 000 Spezies) aller rund 2 Millionen bekannten Arten bereits ausgestorben sind – und die Geschwindigkeit hat rasant zugenommen.

Die Ergebnisse unseres Umgangs mit der Erde kann man sich auf der *Intergovernmental Science-Policy Platform on Biodiversity and Ecosystem Services (IPBES)* zu Gemüte führen, einer UN-Organisation mit 136 Mitgliedsstaaten, die sich um den Zustand und die Bewahrung der weltweiten Biodiversität kümmert. Ich sage Ihnen gleich: Spaß macht das nicht. Die Arten sterben schneller aus, als dass sich die Ökosysteme davon erholen könnten. Die Biodiversität nimmt ab, und wir steuern in diesem Bereich noch schneller auf einen Crash zu als beim Klimawandel – und jener Katastrophe nähern wir uns ja auch schon recht flott.

Ich weiß, das alles liest sich bedrückend. Doch ich bin nicht hier, um zu beschönigen oder abzuschwächen. Ich möchte erzählen, wie es wirklich ist, und ja, das ist teilweise recht düster und schmerzhaft. Aber wir haben lange genug die Augen verschlossen, jetzt müssen wir gemeinsam hinschauen, denn nur dann können wir etwas verbessern.

Das leise Sterben der Weichtiere

Vorhin habe ich Ihnen die Geschichte von George erzählt, der als Endling mit seinem Tod das Ende seiner Schneckenart besiegelte. Jetzt möchte ich Ihnen noch etwas über *Weichtiere (Mollusken)* erzählen. Vielleicht fragen Sie sich: Wieso ausgerechnet Weichtiere? Wieso nicht Insekten oder Vögel oder Wale? Ganz einfach: Für Insektensterben oder die Probleme des Koalas sind viele Menschen schon sensibilisiert, doch was gerade bei Schnecke, Muschel und Co. abläuft, passiert weitgehend unter dem Radar der öffentlichen Wahrnehmung. Der Schutz dieser Tiergruppe ist mir ein persönliches Anliegen, weshalb ich das Folgende schreiben *muss.*

Man schätzt, dass rund 70 Prozent der Weichtiere vom Aussterben ganz konkret bedroht sind, in manchen Gegenden betrifft das sogar 100 Prozent der dort lebenden Mollusken. Schnecken und Muscheln sind oft hochspezialisiert auf ihre Lebensräume und – wie jeder weiß, der schon einmal eine

Schnecke hat kriechen sehen – nicht sonderlich mobil. Wenn sich also die Lebensbedingungen am Standort verschlechtern, können Schnecken, aber vor allem auch Muscheln, nicht mal eben sagen: Alles klar, ich packe mein Häuschen und ziehe um.

Vor Kurzem habe ich einen Artikel aus der Zeitung *Die Welt* aus dem Jahr 1996 gefunden. Schon dort heißt es:

> Immerhin befinden sich bereits jetzt 204 Arten – das entspricht rund 63 Prozent aller heimischen Binnenmollusken – auf der Roten Liste. Besonders bedroht sind die in Flüssen und Seen lebenden Muscheln und Schnecken, von denen bereits 70 Prozent seit Jahren Sorgenkinder der Artenschützer sind. Vor allem bei den Großmuscheln stehen viele Arten – etwa Flußperlmuschel (*Margaritifera margaritifera*) und Flußmuschel (*Unio crassus*) – am Rande des Aussterbens. Die Fließgewässerbiotope der beiden Arten sind in einem Umfang vom Menschen beeinträchtigt, der kaum Hoffnung auf Sanierung zuläßt.

Leider hat sich daran nichts verändert, die Situation hat sich eher noch zugespitzt. Woran liegt das?

Nun, ich bin mir sicher, dass es zu einem großen Teil daran liegt, dass diese kleinen schleimigen Freunde keine große Lobby in der öffentlichen Wahrnehmung haben. Viele Menschen finden Schnecken eklig, und Muscheln sehen sie sowieso nicht in ihrem natürlichen Habitat, diese Tiere nehmen sie also gar nicht zur Kenntnis. Vielen Menschen ist nicht einmal klar, dass es in unseren Süßgewässern Muscheln gibt und dass man diese Tiere keineswegs nur im Urlaub am Meer findet. Für pelzige süße Koalas zu spenden oder Unterstützung aus der Bevölkerung zu sammeln ist eben deutlich einfacher, als jemanden für das elegant-schleimige Paarungsritual des Tigerschnegels zu begeistern. Gerade Gärtnerinnen und Gärtner sind froh, wenn sie keine Schnecken zu Gesicht bekommen.

Dabei sind Weichtiere unglaublich wichtig für unser Ökosystem. Sie sind *Destruenten*, also Tiere, die für den Abbau organischen Materials zuständig sind. Es gibt Schneckenarten, die sich von Blattpilzen ernähren und so die Vegetation in ihrem Verbreitungsgebiet schützen. Außerdem sind sie eine wichtige Nahrungsquelle für eine ganze Menge Tierarten, von denen selbst wiederum viele bedroht und/oder geschützt sind. Vor allem Vögel, Igel und Maulwürfe ernähren sich von Schnecken, wobei Letzterer bei uns zum Glück nicht bedroht ist, wenngleich viele Menschen in ihren Gärten eine Art Krieg gegen die kleinen, felligen und sehr buddelfreudigen Freunde führen. Wenn die Weichtiere aussterben, reißen sie gleich eine riesige Welle anderer Organismen mit sich. Die Folgen daraus sind nicht abzusehen, werden aber auf jeden Fall gravierend und unerfreulich sein.

Um den Weichtieren zu helfen, müsste – wie so oft – die Politik tätig werden, aber auch wir können etwas tun oder zumindest Forderungen stellen. Einige Ideen:

- Der prophylaktische Einsatz von Pestiziden muss verboten werden.
- Es muss mehr Schutzgebiete geben, vor allem Magerstandorte mit offenen, wiesenartigen Bodenflächen müssen bewahrt werden, damit Schnecken dort leben können.
- Bedrohte Schneckenarten müssen in passende Gebiete umgesiedelt werden. Das kann auch die Rücksiedelung in Gebiete sein, in denen sie ehemals vorkamen. Die kleinen Kerlchen können das nicht allein. Stellen Sie sich mal vor,

Sie wären 5 Zentimeter groß und extrem langsam und müssten eine Autobahn überqueren.

- Bestehende Weichtierhabitate müssen aufgewertet werden – und damit meine ich: passend für Schnecken, bitte stecken Sie die Wildblumenmischung wieder weg. Hübsche Blüten interessieren diese Tiere weniger, sie finden hingegen viel zu wenige offene Bodenstandorte.
- Die Bekämpfung eingeschleppter Arten muss intensiviert werden.
- Engagieren Sie sich in Umweltschutzorganisationen wie NABU und Co. und gehen Sie der Politik richtig auf die Nerven.
- Gestalten Sie Ihren Garten schneckenfreundlich. Gute Tipps gibt es dafür im Internet.
- Niemals, wirklich NIEMALS sollte man mit Schneckenkorn und Co. im Garten hantieren. Denn damit töten Sie nicht nur auf extrem grausame Art und Weise Schnecken, sondern vielleicht auch noch die Tiere, die die kleinen schleimigen Kerlchen dann fressen. Lassen Sie es bitte.
- Der Klimawandel muss gestoppt werden. Politik, *I am looking at you!*

Wie schützen wir Biodiversität?

Ich habe jetzt recht viel über Biodiversität geschrieben und auch beleuchtet, wodurch sie aktuell bedroht wird. Der Erhalt der Biodiversität ist unglaublich wichtig für unseren Planeten. Biodiverse Ökosysteme bilden die Grundlage dafür, dass Leben – auch menschliches – überhaupt erst möglich ist. Wir beziehen aus der Natur Nahrung und Wasser, Medikamentenwirkstoffe, Rohstoffe für unsere Häuser, Kleidung etc. Intakte Ökosysteme steuern unser Klima, sie produzieren Sauerstoff, filtern schädliche Stoffe aus der Luft und versorgen uns mit sauberem Wasser. Sie bieten uns Erholung in schönen Landschaften und befriedigen unseren Entdeckergeist. Je diverser und gesünder die Ökosysteme sind, umso besser können sie diese ›Dienstleistungen‹ erbringen.

Die Biodiversität unseres Planeten ist aber nicht nur wegen des Nutzens für uns Menschen, sondern natürlich und in erster Linie um ihrer selbst willen schützenswert. Jedoch müssen die Anstrengungen zu ihrem Schutz deutlich verstärkt werden. Schauen wir uns ein paar Beispiele der Schutzmaßnahmen an, die aktuell umgesetzt werden.

Je mehr Druck wir Menschen durch Landnutzung und andere Faktoren auf Landschaften ausüben, umso wichtiger ist die Ausweisung von Schutzgebieten, um wenigstens einige Bereiche dieser Welt vor dem menschlichen Zugriff, soweit es geht, zu schützen. Die *Weltnaturschutzunion* IUCN hat als eine internationale Nichtregierungsorganisation (*Non-Governmental Organization, kurz: NGO*) die Aufgabe übernommen, Schutzgebiete in verschiedene Kategorien einzuteilen – je nachdem, wie stark das Gebiet durch uns Menschen genutzt wird.

Allerdings sind kleine Schutzgebiete nicht allzu effektiv, da Studien gezeigt haben, dass Störeinflüsse von den Rändern der Naturschutzgebiete bis über 100 Meter weit ins Schutzgebiet vordringen. Ist das zu schützende Areal nur sehr klein, gibt es keine ungestörten Kernzonen. Weiterhin gibt es Tiere, die sehr viel Platz benötigen, und sowieso ist es besser, gleich mehrere Populationen einer Art zu schützen. Auch andere dynamische Prozesse (Wanderbewegungen, Stoffkreisläufe …) benötigen oft mehr Raum, als kleine Schutzgebiete zur Verfügung stellen können.

In Deutschland sieht man häufig auf Schildern an Autobahnen oder in der Landschaft den Begriff des *Biosphärenreservats*. Das sind recht weitläufige Kulturlandschaften, bei denen es nicht darum geht, den menschlichen Einfluss oder Zugriff fernzuhalten, im Gegenteil. Diese Reservate bestehen aus drei Zonen: In der Mitte befindet sich die *Kernzone*, die ein Naturschutzgebiet oder Nationalpark ist und mindestens 3 Prozent der Gesamtfläche des Reservats einnimmt. Danach folgt eine *Pufferzone*, die mindestens 10 Prozent des Areals einnimmt

Einteilung der Schutzgebiete nach IUCN

- **Ia: Strenges Naturreservat.** Diese Gebiete haben eine ausgesprochen hohe biologisch-ökologische und auch geologische Bedeutung für unseren Planeten. Dort hat der Schutz der Ökosysteme die höchste Priorität. Wichtig ist, die natürlichen Kreisläufe nicht zu stören und möglichst naturnah zu bewahren.
- **Ib: Wildnisgebiet.** Ein großes wildes Gebiet, das von Menschen gar nicht genutzt oder nur wenig beeinflusst wird.
- **II: Nationalpark.** Ein solches Natur- und Landschaftsgebiet hat eine herausstechende nationale und internationale Bedeutung für Forschung, Bildung und auch Erholung.
- **III: Naturdenkmal.** Ein unter Naturschutz stehendes Landschaftselement oder eine Naturformation, z. B. eine spezielle Felsengruppe, die Vögeln Brutplätze bietet.
- **IV: Arten- und Biotopschutzgebiet.** Ein Schutzgebiet, in dem durch gezielte Eingriffe bestimmte Arten oder ganze Lebensgemeinschaften geschützt werden sollen. Das kann beispielsweise ein Moor sein.
- **V: Geschützte Landschaft/geschütztes marines Gebiet.** Hier geht es primär darum, das Landschaftsbild einer Kulturlandschaft zu erhalten.
- **VI: Ressourcenschutzgebiet.** Hier geht es darum, die Biodiversität zu schützen und erhalten, damit uns Menschen bestimmte Ressourcen zur Verfügung stehen, die wir dann nutzen.

und in der eine *extensive Bewirtschaftung* gestattet ist. Extensive Landwirtschaft bedeutet, dass im Gegensatz zur *intensiven* Landwirtschaft im Verhältnis zur Fläche viel weniger Düngemittel, Pestizide und Maschinen verwendet werden. Der mögliche Ertrag wird also nicht bis zum bitteren Ende ausgereizt. Am äußeren Rand der Schutzzone findet man dann die *Entwicklungszone*, in der eine größer angelegte, nachhaltige Nutzung der Landschaft möglich ist. Hier im Norden gibt es zum Beispiel das Hamburgische Wattenmeer, ein ungefähr 11 700 Hektar großes Biosphärenreservat.

Renaturierung

Es gibt seit einigen Jahren vermehrte Bemühungen, Ökosysteme wiederherzustellen, die durch den Menschen beeinträchtigt oder komplett geschädigt wurden. Mit umwelttechnischen Methoden soll der Zustand vor Eingriff durch den Menschen so naturnah wie möglich rekonstruiert werden. Diese Methoden beinhalten zum Beispiel die Entfernung invasiver Arten, die Wiederansiedelung der ursprünglich einheimischen Arten, den Rückbau von Gebäuden, begradigten Flussbetten und Ähnlichem. Leider sind die Möglichkeiten dazu häufig begrenzt. Trockengelegte Hochmoore lassen sich zum Beispiel schwer oder auch gar nicht renaturieren, sondern sind für immer verloren.

Wissensvermittlung

Ein wirklich nicht zu unterschätzender Aspekt ist die umfassende Information von Politik und Bevölkerung. Keineswegs sind bedrohte Arten oder eine hohe Biodiversität allein in Schutzgebieten zu finden. Auch außerhalb dieser Bereiche, beispielsweise in Siedlungsgebieten wie Städten oder Dörfern oder in landwirtschaftlich genutzten Arealen, gibt es sehr viel schützenswerte Natur. Wichtig ist deshalb, die Menschen für diese Besonderheiten und die biologische Vielfalt um sie herum zu sensibilisieren. Ich hoffe zum Beispiel sehr, dass Sie den Schnecken in Ihrem Garten in Zukunft mit etwas mehr Milde begegnen werden oder vielleicht sogar über die Gestaltung naturnaher Ecken in Ihrem Zuhause nachdenken.

Landwirtschaftliche Nutzung verändern

Intensive Landwirtschaft, wie sie leider hauptsächlich betrieben wird, ist der absolute Biodiversitätskiller. Und bitte hören Sie auf, überall Bienenstöcke aufzustellen, um »die Bienen zu retten«. Der Honigbiene geht es gut, sie macht durch ihr massenhaftes Auftreten eher den Wildbienen Probleme, denen sie in unseren kargen landwirtschaftlich genutzten Landschaften oder unseren Betonwüsten namens Berlin oder Hamburg das ganze Futter wegfrisst. Viele Studien deuten darauf hin, dass intensiv betriebene Honigbienenwirtschaft zum Aussterben von Wildbienen beiträgt.

Es stellen immer mehr Bäuerinnen und Bauern auf Bio um, jedoch lohnt es sich für sie oft eher, intensivlandwirtschaftlich zu arbeiten. Deshalb sollte die Politik umweltschädliche Subventionen wie die der Massentierhaltung und Milchwirtschaft stoppen, um die Gelder stattdessen in die Entwicklung nachhaltiger Landwirtschaft zu stecken. Natürlich gibt es viele Landwirtinnen und Landwirte, denen das Thema nicht so am Herzen liegt und die nur auf Profit schauen, klar. Aber gerade die kleineren Betriebe können es sich oft schlicht nicht leisten, auf Bio umzustellen, obwohl sie es gerne möchten, weil sie ihre Verantwortung sehen und auch wahrnehmen wollen.

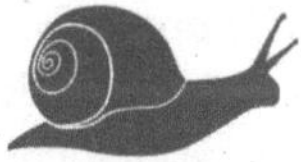

Was kann ich tun, um die Biodiversität zu schützen?

Diese ganzen Probleme fühlen sich für Sie vielleicht übermächtig an. Ich selbst habe mich bei der Recherche auch im ersten Moment überwältigt gefühlt, doch dann habe ich die Schultern ausgeschüttelt, den Rücken wieder gerade gemacht und mir überlegt, wie man selbst schon als Einzelperson etwas zum Biodiversitätsschutz in der eigenen Umgebung beitragen kann – denn das geht und ist auch gar nicht mal so schwer:

Nachhaltiges Saatgut verwenden

Wenn Sie eine Wildblumenwiese anlegen möchten, können Sie es wie ich machen: Im letzten Sommer und Herbst bin ich mit einer Tüte in meiner Nachbarschaft herumgestiefelt, habe Samen von Löwenzahn und Disteln, Wurzelknollen von Gänseblümchen und Co. abgesammelt, zu mir nach Hause gebracht – und dort ausgesät. Wichtig ist, darauf zu achten, dass Sie wirklich nur Pflanzensamen mitnehmen, die einheimisch sind bzw. auch in Ihrer Region vorkommen. Wenn Sie beispielsweise Wurzeln mitnehmen, dürfen die natürlich nicht geschützt sein. Mit Löwenzahn, Brennnessel, Distel und Co. vom Straßenrand kann man wenig falsch machen.

Vielleicht muss es aber auch schnell gehen, weil Sie schon in der nächsten Saison etwas aussäen möchten und im letzten Sommer oder Herbst keine Samen gesammelt haben. In dem Fall rate ich zu *regionalem Saatgut*. Der NABU hat unter https://www.nabu.de/umwelt-und-ressourcen/oekologisch-leben/balkon-und-garten/trends-service/empfehlungen/00592.html ein paar gute Adressen von Saatgutlieferanten zusammengestellt, mit deren Produkten man nicht versehentlich invasive Arten in Form einer Wildblumenwiese aussät. Sie können auch im Netz nachschauen, welche Pflanzenhandlungen in Ihrem Umkreis wirklich (!) regionales Saatgut anbieten.

Ebenfalls wichtig, wenn wir schon beim Thema Blühpflanzen usw. sind: Es ist natürlich essenziell, Insekten und anderen Tieren von Frühjahr bis Herbst Nahrung zu bieten – eine kurze Blütenexplosion im Frühjahr reicht nicht. Achten Sie also beim Säen und Pflanzen darauf, dass von Frühjahr bis Herbst immer etwas blüht.

Streuobstwiesen anlegen und/oder schützen

Streuobstwiesen sind regelrechte Biodiversitäts-Hotspots, kommen heutzutage aber immer seltener vor. Obst wird in der modernen Intensivlandwirtschaft an niedrigstämmigen Plantagenpflanzen angebaut, was nicht gerade ein idealer Lebensraum für Insekten und Vögel ist. Wenn Sie also einen Garten mit altem Obstgehölz haben: Kümmern Sie sich gut darum! Und wenn möglich, pflanzen Sie gerne noch mehr Obstbäume und lassen diese richtig schön wachsen. Und: Finger weg von Dünger oder Pestiziden.

Balkone insektenfreundlich herrichten

Einen Garten zu haben, ist natürlich ein Luxus. Aber schon mit einem kleinen Balkon in der Stadt oder einem gemeinsamen Innenhof kann man den Insekten in der Umgebung wichtige Oasen schaffen, an denen sie sich zwischen all dem Beton laben können. Natürlich gibt es auch dabei Sachen zu beachten. Welche Pflanzen aus dem Baumarkt nehme ich mit, welche lasse ich lieber stehen? Auch dazu gibt es beim NABU sehr gute Tipps: https://berlin.nabu.de/umwelt-und-ressourcen/oekologisch-leben/haus-und-garten/balkon/28082.html.

Lebensräume mit Nistkästen, Bienenhotels & Co. schaffen

An Nistkästen und Insektenhotels gibt es leider sehr viel Schrott auf dem Markt. Wenn Sie ganz sichergehen wollen, bauen Sie so ein Hotel mit einer Anleitung vom NABU oder anderen Naturschutzorganisationen selber. Das ist auch ein tolles Projekt, das man mit Freundinnen und Freunden oder Kindern machen kann.

Wenn Sie keine Lust haben, selbst den Hammer zu schwingen, können Sie natürlich auch fertige Nistkästen kaufen. Wichtig ist, dass sie gut zu öffnen und zu reinigen sind. Ich wasche meine immer mit Essigwasser aus, wenn wieder eine Vogelfamilie ausgezogen ist.

Bei fertigen Insektenhotels gibt es auch einige wichtige Punkte zu beachten. Der NABU bietet sogar welche in seinem eigenen Shop an, und bevor Sie protestieren: Nein, ich werde nicht vom NABU für diese Zeilen bezahlt. Ich finde einfach nur, dass diese Naturschutzorganisation unglaublich gute Ressourcen auf ihrer Webseite hat.

Aber: Zur Not tut es auch ein Haufen aus größeren Steinen und einer dicken Schicht Laub, über die man dann Reisig packt, seinen Dienst. So ein Reisighaufen bietet unzähligen Tieren, auch Igeln, Eidechsen und Co., ein Zuhause – das schlägt jedes Bienenhotel.

Wird gerne vergessen: Insektentränken

Viele Menschen stellen im Sommer Vogeltränken auf, was super ist. Was dabei aber oft vergessen wird: Auch Insekten haben Durst! Für eine Insektentränke braucht man nicht viel: Man nimmt einfach einen Ton- oder Plastikuntersetzer für Blumentöpfe, dessen Durchmesser mindestens zehn Zentimeter beträgt – am besten sind 20–50 Zentimeter, wenn Sie Platz haben. Nun bedecken Sie den Boden des Untersetzers locker mit Kies und lassen dann Wasser so ein, dass genug Steine aus dem Wasser ragen, um Insekten vor dem Ertrinken zu schützen und sie sicher zum Rand der Tränke zurückzugeleiten. Am besten stellt man die Tränke schattig in der Nähe von Blüten auf – damit eröffnen Sie Ihr ganz eigenes Insektenrestaurant!

Hecken sind nicht zu unterschätzen

Nachdem ich ein paar Jahre nicht in Frankfurt gelebt hatte (na gut, es waren dreizehn) und dann wieder zurückgekommen war, fiel mir als Erstes eins auf: Alles ist voller Hecken. Wenn Sie Ihren Garten naturnah gestalten möchten, spielen auch

Hecken eine wichtige Rolle. Einerseits brüten Vögel darin, andererseits leben da auch viele andere Tiere, die dort Wetterschutz und vor allem im Sommer auch Schatten finden. Wichtig: Man sollte darauf achten, heimische Hecken anzupflanzen. Finger weg von Lorbeer und Thuja, das sind Neophyten!

Naturschutz ohne Garten oder Balkon

Wenn Sie weder Garten noch Balkon haben, können Sie sich dennoch ganz konkret für den Schutz von Biodiversität einsetzen. Sie können Nachbarschaftsvereine oder Ortsvereine von Naturschutzorganisationen in Ihrer Gegend ausfindig machen und sich dort engagieren. Oft gibt es beispielsweise Termine zum gemeinsamen Beseitigen von Neophyten oder Müllsammelaktionen. Botanische Vereine oder Einrichtungen wie die *Loki-Schmidt-Stiftung* bieten tolle Exkursionen zum Thema an, bei denen man richtig viel lernen kann.

Was auch extrem nützlich ist: Bei *Citizen Science Projekten* mitmachen wie dem *NABU Insektensommer*, der *Stunde der Gartenvögel* oder der *Stunde der Wintervögel*. Dabei zählt man nur eine Stunde lang alle Arten, die man bestimmen kann, und übermittelt sie unkompliziert an die zuständigen Stellen. Damit hilft man ganz konkret dem Biodiversitätsmonitoring der Naturschutzorganisationen und der angebundenen Forschung.

Wenn Sie Pflanzen mit Apps wie *Flora Incognita* bestimmen, helfen Sie ebenfalls dem Monitoring. Diese App gibt die erfassten Daten an Universitäten weiter, sodass die Forschung davon direkt profitiert, dass Sie beim Spaziergang wissen wollten, wie diese eine ganz bestimmte Blume heißt.

Ausblick

Es gibt viele spannende Ansätze, dem Artensterben und Klimawandel zu trotzen. Trotz der düsteren Aussichten ist die Rettung unserer Biodiversität immer noch möglich – der Erfolg von Artenschutzprogrammen wird beispielsweise mit der *Blauen Liste* überwacht und zeigt, dass Maßnahmen funktionieren, *wenn* man sie denn *endlich* trifft. Beispielsweise findet man in jener Liste den farbenfrohen kleinen Mittelspecht (*Leiopicus medius*), dessen radikal abnehmender und gefährdeter Bestand in der Schweiz durch den Schutz großer Waldgebiete nun stabilisiert werden konnte.

Um die meisten gefährdeten Arten zu schützen, sind das benötigte Wissen und die entsprechende Technologie vorhanden, was gute Nachrichten sind, wirklich. Wir könnten, wenn wir wollten. Es fehlt uns jetzt nur noch der politische und gesellschaftliche Wille, dieses Thema wirklich ernstzunehmen. Wir müssen weg vom Anthropozentrismus, also davon, uns Menschen als Lebewesen mit dem größten Wert anzusehen. Stattdessen sollten wir uns dem Biozentrismus zuwenden – also akzeptieren, dass jedes Lebewesen einen selbstständigen Eigenwert hat und es genauso verdient hat, in Ruhe und unter guten Voraussetzungen zu leben, wie wir auch. Wir brauchen

Respekt vor den Abläufen und Netzwerken der Natur, die wir häufig zerstören, bevor wir sie und ihren Einfluss auf den Planeten verstanden haben. Nur mit einer veränderten Geisteshaltung schaffen wir es, die Welt um uns herum (und damit uns selbst) nicht zu zerstören. Und es eilt. Im Mai 2022 ging die Meldung durch die Medien, dass wir die Grenze der 1,5 °C-Klimaerwärmung schon bald zum ersten Mal überschreiten werden – und das schon in vier bis fünf Jahren, also viel früher als gedacht. Damit ist zwar nicht das 1,5 °C-Ziel gebrochen, da dieses Ziel nicht einfach kurzfristige Änderungen und Schwankungen einbezieht, sondern einen dauerhaften Trend darstellt. Dennoch können selbst bei kurzzeitigen Übertretungen dieser Grenze Schäden an Umwelt und Landwirtschaft – und damit auch unseren Nahrungsnetzen – entstehen, die nicht nur phasenweise bestehen, sondern von dauerhafter Natur sind.

Aktuell geht der IPCC-Weltklimarat davon aus, dass wir die 1,5 °C-Grenze dauerhaft zwischen 2030 und 2052 hinter uns lassen werden, wobei die aktuellen Prognosen eher von früher als später ausgehen. Und wenn wir die Treibhausgas-Emissionen nicht innerhalb der nächsten drei (!) Jahre deutlich senken, werden wir auch das 2 °C-Ziel verfehlen. Für die Biodiversität unseres Planeten wäre das der Anfang vom Ende.

Die Recherche für dieses Buch war schmerzhaft, die Prognosen sehen düster aus. Ob wir das Rad noch herumreißen können? Ich bin ehrlich, ich weiß es nicht. Wie gern würde ich hier sagen: Klar, schaffen wir! Aber die Wahrheit ist, dass ich ein schlechtes Gefühl habe, ich wünschte, es wäre anders. Trotz allem hoffe ich – und Grund zur Hoffnung gibt es immer, egal, wie lächerlich und verzweifelt das wirken mag. Wir können die Kurve noch kriegen, wir müssen um jedes hundertstel Grad kämpfen, um die Auswirkungen unseres menschengemachten Klimawandels abzubremsen.

Wann, wenn nicht jetzt?

Lektüretipps

Goulson, Dave: Stumme Erde – Warum wir die Insekten retten müssen. Berlin: Hanser, 2022.

Hupke, Klaus-Dieter: Naturschutz. Eine kritische Einführung. Heidelberg: Springer Spektrum, 2020.

Leisgang, Theresa / Thelen, Raphael: Zwei am Puls der Erde: Eine Reise zu den Schauplätzen der Klimakrise – und warum es trotz allem Hoffnung gibt. München: Goldmann, 2021.

Lynas, Mark: 6 Grad mehr – die verheerenden Folgen der Erderwärmung. Hamburg: Rowohlt Polaris, 2021.

Nentwig, Wolfgang: Invasive Arten. Bern: Haupt Verlag, 2010.

Schreiber, Jasmin: Abschied von Hermine. München: Goldmann, 2021.

Wittig, Rüdiger / Niekisch, Manfred: Biodiversität Grundlagen, Gefährdung, Schutz. Heidelberg: Springer Spektrum, 2014.

www.schreibersnaturarium.de
www.rote-liste-zentrum.de

Eine Liste der für dieses Buch verwendeten Quellen findet sich unter https://www.reclam.de/detail/978-3-15-020673-7/Schreiber__Jasmin/Biodiversitaet__100_Seiten.